Postmodern Tricks

後現代哄騙

陳智凱 著

序

生活在破碎之中

我的精神分裂

令人歡欣！

陈黎明

2010.1.9

目錄

第三篇　失序的有序

緒論
哄騙的質疑

後現代弔詭－疑慮，本身即有疑慮。行銷弔詭－哄騙，本身即是哄騙。後現代哄騙，不僅是對於現代行銷的質疑，也是對於後現代心境的哄騙。

布希亞（Baudrillard）認爲「玩弄碎片，就是後現代！」如果後現代可以理解，它可能是一種文化景象，一種不可思議，一種融合失序、分解、相對和破碎的概念。迄今，儘管後現代並未成爲成套清晰的假說眞理（truth claims），或說只能算是一種態度和心境。悲觀者以爲，後現代提供的哲學架構，足以讓怪力亂神觀點和方法得到解放。相反地，樂觀者以爲，儘管後現代還不到精神分裂和錯亂，但卻展示了危險且具說服力的眞相，它直接徹底地毀掉現代所謂的客觀。質言之，後現代相對於現代，它揭示所有的連續都已破碎消失。後現代的眞理就是，只要眞的相信，眞理就是眞的。事實上，後現代的同義詞還包括，解離（disintegration）、解構（deconstruction）、解組（decomposition）、移換（displacement）、差

異（difference）、消失（disappearance）、不連續性（discontinuity）、不連接性（disjunction）、去中心化（decentrement）、去定義化（dedefinition）、去神祕化（demystification）、去總體化（detotalization）、去合法化（delegitimation）等。

易言之，後現代拒斥大敘事（master narratives），它習以事物最純粹的角度觀察。同樣地，後現化也拒斥深度，或說當事物被逐一拆解，它已無力再談深度，只能追求表面刺激，深度意義必然消失。因此，後現代如果有共識，該是不斷變換和浮動的排列組合。細而言之，後現代自己解構了自己，只有留下碎片，後現代強調所有的現代事物，後現代只是重組和玩弄過去（cannibalization）。另外，後現代讓空間無從解讀（unreadable）、無從標繪（unmappable）、無從宏觀（untotalizing），宏觀可能不是現代相對於後現代的問題，而是後現代以爲，現代宏觀的危害除了太過抽象，還包括缺乏和運用連結差異和破碎的中介（mediation），直面破碎並且加以連結（piece）是後現代宣告的重點。無論如何，後現代可以負面詮釋爲，可悲的、倒退的、確定性和穩定性的淪喪，或是現代的自暴自棄。相反地，後現代也可以正面詮釋爲，代表超越現代的積

極性否定，或是舊束縛和舊壓制的解放，無論何種詮釋角度，現代必將對後現代寬容，因爲後現代隨時可能改寫現代。

事實上，後現代不只是一種顚覆風格，它也和晚期現代資本主義邏輯緊密鑲嵌，例如，現代社會的貧窮早已不能化約成物質匱乏和身體苦痛，貧窮也是一種社會狀態和心理情境，意指被排除於正常生活之外，因爲達不到消費標準，導致自尊低落、羞恥和內疚。易言之，現代消費社會導致個人受到社會貶斥和內部放逐，主因在於不夠格當個消費者，一種無力盡到消費者義務，轉變成爲被拋棄，被奪權，被貶抑的苦痛。因此，並非人的意識決定人的存在，而是人的社會存在決定人的意識，亦即，人不是被階級所區隔，而是被沒有消費能力所區隔。儘管如此，現代社會的消費者並未因此感到困惑或被異化，反而更主動地涉入需求戲局，一旦欲望受到束縛，等於生命能量喪失。不過，任何的苦痛、匱乏和壓抑，也都能在現代消費中得到歸宿。然而，欲望可以免費降臨，但是擁有欲望需要資源，如同對抗無聊的解藥，無法透過健保處方箋，有錢才能治療無聊。甚且進入了後現代消費，符號系統的消費範疇，殘暴地歸納出人的範疇，後現代社會差異已交由符號系統來決定。總的來說，無論是現代或

後現代消費，需求其實並無其物，需求體系其實是生產體系的產物，現代經濟強調的生產，其實不應該與匱乏相連，而是應該連結至過剩。質言之，現代經濟的生產目標就是銷毀（millot），爲了有效地控制過剩，唯有透過遊戲、宗教、藝術、戰爭、死亡等形式來解決來毀滅來消費剩餘，包括贈禮、狂歡慶祝、炫耀消費都是呈現方式。

至於現代行銷的定義，強調發現人們的需求並且加以滿足，由於需求的存在，人們導向去消費可以提供滿足的事物，只是上述定義如果屬實，那麼消費之後，應該變得心滿意足，結果卻是不然，人們想要消費更多。質言之，消費是一個異化過程，消費的追求是自我的死亡，內化（internalization）其實是外化（externalization）。事實上，現代行銷擅場的流行時尚，如同系列連續的美麗出神，它總有辦法在宗教失效的地方讓人超然。然而，流行時尚若是眞正的美學，反覆的換季和出神的交換，不過是把對反的醜給吸納而已。易言之，現代行銷有能力收編和吸納所有的對反，甚至將意識和無意識都給殖民化（colonization），就連時間都能變成商品，娛樂報酬就是對於休閒時間的補償，擴大娛樂就是延伸對於消費的控管。當然，如果自覺過度地吸入商業娛樂，現代行銷還能提供解藥，不過，必須在

電視廣告等地方才能接種疫苗。另外，如果自覺對藥上癮，現代行銷也會催眠你的藥癮不如清醒時的問題來得嚴重。因此，需求和美學爲何？它是心理上的激發，它是經由學習，或是被挑動和無中生有？如同前言揭示，現代行銷弔詭就是哄騙，它將非生理性的需求和欲求嵌入消費，這種社會性的需求和欲求，是一種假需求。如果上述消費可以意味著自由，那麼它也代表一種自由的退化，或是有自由成爲非理性和不自由者。現代行銷深知任何一種自由都是另一種操弄和不自由的開始。

質言之，現代行銷無可避免地要弄蒙蔽，哄騙是基於共識，人們帶著健忘進入一場預設的哄騙戲局，共同演出一場，假需求滿足和眞選擇自由。儘管遊戲的最大特質是自由和不認眞，現代行銷強調要以認眞的不認眞態度，因爲不認眞，便不成遊戲。事實上，遊戲是不自由者不自由地實現自我的可能表現，它帶來的樂趣可以讓遊戲者不能自己。當然，人們如果自覺入戲太深？現代行銷也會貼心地建議接演下一部戲！同樣地，後現代也揭示沒有所謂的美好彼岸，滿足只是當下瞬間的快感，事後的無聊感將會立即湧現，一旦欲求的理由消失，欲望的對象也會失去魔性。儘管如此，後現代證明這不可能的美好彼岸仍能召喚，只是它的證明強調

了，激起欲求的速度比抒發欲求所需的時間更快，也快過對於擁有感到無聊和厭煩的時間。這種永遠不無聊，正是後現代行銷。另外，現代行銷認爲隨著後現代破碎個體的興起，隨著個體主動涉入和積極奪回主導，個體仍然可以仲裁現代行銷，意即只要選擇拒絕，哄騙終將自動瓦解。然而，套用後現代質疑，倘若現代行銷宣告「選擇自由，拒絕操弄！」個體又將陷於兩難（dilemma），亦即，擁抱宣告就是違反自由和拒絕，擁抱的行爲就不是眞正的自由行爲。事實上，現代行銷深知追捕的最高境界是釋放，出路其實是迷路。人們在出口和入口之間徘徊，現代行銷宣告提供讓人尋回失落的出口，只是這不會再有出口的入口，最後讓人連自己也成爲失落之物。

總的來說，基於後現代的瓦解和破碎，本書質疑現代行銷邏輯的可行性，例如，現代區隔只是後現代斷裂的一種漸進，後現代是斷裂之後的極度破碎。破碎不是市場的稀釋，反而是可能性的豐富。質言之，面對後現代混亂、破碎和瓦解，現代行銷的區隔、鎖定和定位（segment, target, position; STP），應該由碎化、選擇和宣告（fragment, select, announce; FSA）取代。細而言之，後現代瓦解和極度破碎的特性，現代行銷的大衆和分衆區隔策略，應該轉爲

多向度構面的解構和重組，並由徹底瓦解市場的碎化策略取代；同樣地，後現代搖擺和捉摸不定的特性，反映出座標被移動否定，參考框架無法提供穩定正確的指引。因此，現代行銷的單向鎖定和客觀定位只是錯覺，應該由雙向選擇和主觀宣告取代。因此，後現代哄騙揭示以碎化、選擇和宣告，取代現代行銷的區隔、鎖定和定位。然而，如同後現代揭示的批判質疑，如果後現代哄騙能被證明是一種客觀策略，那麼後現代否定客觀就會是一種錯誤。質言之，後現代哄騙無意扮演「縫隙的神」（god of the gaps），伺機在現代行銷不完全之處插入一個不能證明的哲學態度，而是希望以命名表達試圖去探索、建構和確立某種斷裂，同時宣告如果現代行銷的舊地圖是錯誤，拿著它要如何在後現代市場中前進？面對後現代的極度破碎，後現代哄騙無力越界描繪新的疆域，頂多只是臨界於現代和後現代的轉換空間，一個我們被放逐於煙廣無邊的流刑地，精神分裂式地扮演靈媒和臥底。

延伸閱讀

1. Bocock, Robert, *Consumption*, (London: Routledge, 1993).
2. Business Week, *Marketing Power Plays: How the Wolrd's Most Ingenious Marketers Reach the Top of Their Game*, (McGraw-Hill, 2006).

3. C.K. Prahalad, and M.S. Krishnan, *The New Age of Innovation: Driving Cocreated Value Through Global Networks*, (McGraw-Hill, 2008).
4. David Hesmondhalgh, *The Cultural Industries*. (SAGE Publications Ltd, 2002).
5. David, Cravens, Piercy, *Strategic Marketing*, 8e, (McGraw-Hill, 2006).
6. Dennis McCallum, *The Death of Truth: What's Wrong With Multiculturalism, the Rejection of Reason and the New Postmodern Diversity*, (Bethany House, 1996).
7. Francis J. Kelly, III, and Barry Silverstein, *The Breakaway Brand: How Great Brands Stand Out*, (McGraw-Hill, 2005).
8. Hartley, R.F., *Management Mistakes and Successes*, 7e. (John Wiley & Sons, 2003).
9. Marc Gobé, *Brandjam: Humanizing Brands Through Emotional Design*, (St Martins Pr, 2006).
10. Mike Featherstone, *Consumer Culture and Postmodernism*, 2e, (SAGE Publications Ltd, 2005).
11. Millman, Debbie, and Heller, Steven, *How to Think Like a Great Graphic Designer*, (St Martins Pr, 2007).
12. Richard Appignanesi, and Chris Garratt, *Introducing Postmodernism*, 3e, (Naxos Audiobooks, 2005).
13. Robert J. Barbera, *The Cost of Capitalism: Understanding Market Mayhem and Stabilizing Our Economic Future*, (McGraw-Hill, 2009).
14. Storey, John, *Cultural Consumption and Everyday Life*, (London: Arnold, 1999).

15.Vogel, *Entertainment Industry Economics: A guide for financial analysis*, 6e, (Cambridge University Press, 2007).

16.Zygmunt Bauman, *Work, Consumerism and the New Poor*, (McGraw-Hill, 2005).

第一篇

破碎的價值

第一章
破碎導向

現代——那個具有普遍性的時代已經離開！後現代是不可總體化的多樣、浮動和不斷變換，解構後現代如同布希亞揭示：「玩弄碎片！」事實上，隨著市場快速變遷和新的競爭模式導入，產業市場邊界愈趨模糊和難以掌握。特別是消費個體的知識愈趨成熟，不僅更能精確地掌握市場脈動，對於產品專屬的需求也更為明顯。另外，隨著外在環境衝擊和內在組織變遷，不連續創新一再顛覆傳統經營模式，包括現代管理和行銷策略也一再被改寫。質言之，後現代破碎的市場結構已經來臨，傳統工業化和現代化的市場邏輯，堅固的大眾和集中的規模已經崩解，體認和掌握破碎的後現代市場才是競爭關鍵。本章將探討後現代行銷的破碎循環，以及檢視向內、向外、雙向獨特能力的差異。

1.1 破碎的循環

後現代的無從決定和無法標繪，結構已經瓦解，主體成爲碎片，特別是網路科技進一步催化上述破碎和瓦解。細而言之，後現代終結了大衆，瓦解了連結，大衆逐漸變成無定型的碎片。主體認知的結構、空間和時間，也都壓縮和碎化成爲系列持續的當下。質言之，面對後現代的破碎化趨勢，現代行銷需要基進的哲學、原則、策略。如同普哈拉（Prahalad）揭示：「N=1和R=G」前者強調市場的破碎化接近於一對一，包括GOOGLE、FACEBOOK、EBAY、AMAZON和STARBUCKS都是N=1的後現代行銷典範。後者則是強調資源整合的極大化價値，如同APPLE推出IPOD整合了美國獨立音樂和新聞媒體、日本MATSUSHITA顯示器、韓國SAMSUNG記憶體、台灣INVENTEC組裝、並由美國加州發想設計。

回顧現代行銷發展，從成本導向、品質導向、競爭導向到客戶導向，爲了從競爭中勝出及提高績效獲利，直面和解構消費需求，透過策略創新滿足需求已經無可避免。然而，面對後現代市場的徹底瓦解，破碎導向已經成爲後現代

行銷的重要策略。易言之，破碎導向聚焦於如碎片般的消費個體，設法提出全方位的策略思維和溝通路徑。破碎導向的策略特質在於直面貼近破碎的消費個體、競爭環境、市場結構，發掘可以滿足碎片需求的獨特價值能力。圖1.1顯示破碎導向的策略循環，首先是基於破碎導向的思維，其次是確認適配的獨特能力，緊接著滿足如碎片般的需求，最後達成卓越的績效水準。例如，DELL電腦就是成功採取破碎導向策略的典範，透過獨特的價值鏈和互動網站，細緻地滿足如碎片般的需求，亦即，極度破碎化的消費個體需求。DELL破碎導向的策略作爲，還包括直銷模式和接單後生產（built-to-order, BTO），有效地整合破碎化的供應商、配銷商和合作夥伴，貼近掌握動態和破碎的消費市場。DELL每週客服電話達到六十萬通，全球網路連線用戶達到九萬家。至於其他成功的破碎導向企業，還包括ZARA服飾、LV皮包、SOUTH-WEST航空、TIFFANY鑽戒、WAL-MART零售。

質言之，破碎導向強調兼顧短期績效、長期文化和內部流程，如同平衡計分卡（balanced scorecard, BSC）揭示同步檢視消費個體、學習成長、內部流程和財務績效等。易言之，破碎導向的核心概念揭示，過度聚焦於短期成本節省和

獲利提升，可能不利於長期目標和策略，特別是滿足碎片需求才是競爭關鍵。細而言之，成功的破碎導向可以達到下列極致，例如，產品方面，媒體報紙可以在前一天下午由讀者預選明天較有興趣的新聞，亦即報紙內容不再由編輯單向決定，而是交由破碎的獨特的專屬個人來決定。同樣地，價格方面，破碎導向可以達到完全差別取價，意即需求高者訂價較高，需求低者訂價較低，獨一無二的價格，提供各個碎片依其獨特使用經驗來決定。

總體而言，破碎導向聚焦於碎片價值，意即破碎的消費需求價值，它取決於持續的價值創新文化和獨特的能力資源。至於破碎導向策略，則是強調提供價值承諾和創新流程，包括聚焦於如碎片般的消費個體，以及建立競爭資訊系統和內部跨功能合作。無論如何，後現代的破碎導向與現代行銷的市場聚焦非常接近，不過，前者更具有高度的哲學意涵。亦即，破碎導向強調以動態解組和多元向度解構市場，徹底瓦解和滿足如碎片般的消費需求；建立競爭資訊系統，則是強調隨時掌握關鍵競爭者，擁有哪些核心的替代技術、短期優勢和劣勢、長期策略和潛能。一般而言，無法識別和回應競爭威脅的後果非常嚴重，例如，傳統相機忽略了數位科技革命，最初只是純粹被動地確保既定市場，然而，當數

位技術成為一股不可逆的趨勢，最後只有被市場終結的命運。最後，破碎導向的關鍵在於內部跨功能合作，包括整合不同功能部門，排除各種隔閡和障礙，聚焦合作滿足碎片價值。

綜合言之，破碎導向包括傳遞碎片價值、掌握市場資訊、跨功能評價和協調行動。碎片價值代表消費利益減去成本支出，前者包括產品服務、消費經驗、形象認知；後者包括價格、時間和心力成本。掌握市場資訊意指透過資訊科技蒐集分析破碎市場需求。至於跨功能評價和協調行動，強調共同討論分享、評估和選擇契合碎片需求的溝通方案。例如，西班牙ZARA服飾每年推出上萬種服裝款式，平均產品生命週期四週，門市半數商品平均每兩週推新，ZARA成功關鍵包括將碎片需求納入設計流程，其中先進資訊科技扮演重要角色，以及主動變革的態度包括組織文化和策略流程。

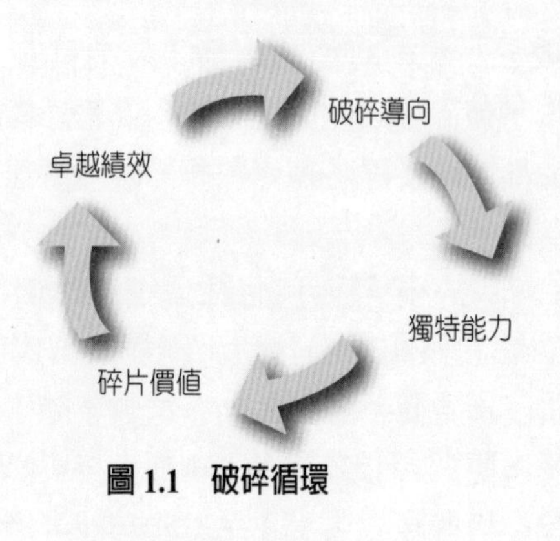

圖 1.1　破碎循環

1.2
向內或向外

善用獨特能力是破碎導向的成功關鍵。獨特能力是知識、技術和流程的複雜組合，例如，ZARA的獨特能力就是新產品發展流程，關鍵在於設計團隊技術、知識累積和跨功能協調，透過資訊科技協調新產品開發。另外，ZARA產品設計結合了流行時尚和快速製造，配合強勢品牌形象利於新產品推出。細而言之，獨特能力不是特定的功能、資源或個

人，而是特別的策略和流程，意指選擇和執行非普遍化的差異性競爭行動，如同DELL強調客製化和接單後生產。獨特能力和獨特流程緊密鑲嵌，亦即，透過獨特流程完成關鍵活動以展現獨特能力，活動的關鍵程度由價值鏈和碎片價值加以定義，流程的獨特程度則在相同或不同產業的定義未必相同，例如，DELL和HP同屬電腦產業，HP和WAL-MART分屬電腦和百貨產業，同樣具有不同流程。

擁有滿足碎片價值的獨特能力，利於取得獨特的市場競爭優勢、建立市場進入障礙、維持最佳成本效益，例如，HP掌握獨特的噴墨列印技術；SOUTH-WEST提供質優價廉的飛航服務；WAL-MART展現效率的量販運籌；DELL獨特的客製化直銷和接單後生產。總體而言，獨特能力具有優於對手、難以模仿和適應環境等特質，GORE-TEX獨特紡織技術可以廣泛用於雨衣、醫療和牙線等產品就是最佳典範。至於獨特流程可以分爲由外而內（outside-in）、由內而外（inside-out）和雙向擴張（spanning），詳如圖1.2，不同的流程聚焦於不同的關鍵活動。總的來說，獨特流程具有下列特質：聚焦外部環境的破碎導向策略、跨越內部不同功能的整合能力、明確定義和動態彈性的流程設計。

同前說明，破碎導向聚焦於碎片價值，碎片價值是一

種流程結果，對於如碎片般的消費個體，價值期望取決於消費利益減去成本支出；消費經驗和期望的比較決定最後滿意。易言之，碎片價值來自於美好的消費經驗、優於預期價值和競爭者表現。一般而言，獨特能力可以傳遞的獨特價值（initiatives）包括差異化、低成本或是兩者組合，或說一種可以顛覆傳統框架思維的嶄新價值。例如，APPLE推出IPOD和ITUNES。無論如何，獨特價值取決於資訊掌握和破碎連結，前者強調資訊蒐集的效率流程、跨功能分享、解釋和決策的創新行動，如同ZARA透過網路分析門市資訊採取有效行動；後者強調與碎片般的消費個體維持緊密關係，包括資訊分享和信任承諾，例如，QUINTILES專業臨床實驗，協助全球藥廠降低研發和新藥檢測的時間。

總體而言，儘管擁有破碎導向的獨特能力非常重要，不過，仍然需要直面全球化、多元化、不確定和不連續的挑戰。例如，低估動態複雜的全球化可能遭到極大風險，對於現代行銷而言，全球化代表標準化和在地化，兩種互斥概念的取捨。然而，對於後現代行銷而言，全球化並非意味著同質化，甚且隱喻，廣泛文化接觸進而對世界定義產生更多衝突，全球化反而突顯異質化、在地化和破碎化，或說，全球化就是破碎化、在地化和異質化。另外，先進科技的多元

化、不確定和不連續衝擊經常被過度低估。儘管科技進步經常象徵著創新機會，然而，不連續的創新經常超出人們的預期，擁有創新視野和能力利於掌握市場趨勢，不過，同樣也潛藏著極高的代價風險。成功和失敗經常只是一線之隔，激進創新變革和穩定當前情勢，應該細緻平衡。最後，社會責任和道德倫理也是重要的議題，這與後現代強調，對於多元和破碎表達崇高敬意的觀點，全然一致。易言之，吸納和滿足對於多元意見包容的道德倫理，利於進入另一場後現代哄騙戲局。

雙向擴張
客製訂單、服務、價格
新品與策略發展

由內而外
製程、財管、人力優勢
運籌整合
研發創新
環保安全

由外而內
資訊蒐集
碎片連接
通路連結
技術掌控

圖 1.2　獨特流程

1.3 結論

量變終究導致質變，如同溫度之於樣態。現代化的大規模生產已經遭逢困境，後現代以破碎和散亂的方式突地興起，依照麥卡夫定律（Metcalfe's Law），網路價值等於網路節點（nodes）的平方。易言之，網路價值呈現指數擴張成長，它是非線性、非遞減和非常態。倘若套用現代經濟理論，代表市場生態並不存在均衡的競爭。若從後現代市場概念，節點如同碎片，後現代的市場價值就是碎片平方。後現代哄騙直指破碎導向，了解市場破碎正是策略關鍵。總的來說，破碎導向的策略特質，強調連結獨特能力和碎片價值的永續承諾。破碎導向的策略變遷，強調異於現代結構區分不同功能部門的創新文化和流程。易言之，破碎導向強調不同功能部門之間的合作，包括跨功能資訊蒐集、分享、評價和決策，目標就是透過獨特能力傳遞獨特價值。

質言之，獨特能力指涉一種獨特流程，一種難以模仿和適應環境的優勢，流程類型可以是由外而內、由內而外、或是雙向擴張。透過由外而內發現碎片需求和價值機會，透過由內而外和雙向擴張提供策略方向。至於碎片價值的創造始

終是一項持續性的挑戰，對於如碎片般的消費個體，價值代表消費利益減去成本支出。易言之，碎片價值來自於正面的消費經驗，一種優於預期和競爭者的表現，價值利益可以包括差異化、低成本或是兩者兼具。總的來說，如果現代化是工業化的一種說法，它象徵著絕對理性掌握在代理人手裡，普羅大衆只能被動地和無助地被操弄；相反地，後現代宣告了以破碎個體爲中心的世代，現代化的集中和規模已徹底瓦解，代理人的權力回歸到破碎個體，亦即碎片。易言之，如果散亂是後現代特質，碎片就是散亂中的規律。後現代市場的每個碎片都是參考點（reference point），每個參考點都是世界中心，因此，後現代行銷關鍵取決於破碎導向策略。

延伸閱讀

1. Anthony Marsella, Gerry Bell, Ian Ruddleston, and Merlin Stone, "Meeting Demand," *Marketing Business*, January 2004, 22-24.
2. Bocock, Robert, *Consumption*, (London: Routledge, 1993).
3. Bruno Stevens, "Big Pharma Booster Shot," *BusinessWeek*, June 7, 2004, 66.
4. Business Week, *Marketing Power Plays: How the Wolrd's Most Ingenious Marketers Reach the Top of Their Game*, (McGraw-Hill, 2006).
5. C K. Prahalad and Gary Hamel, The Core Competence of the Corporation," *Harvard Business Review, May-June 1990, 79-91; George S. Day, "The*

Capabilities of Market-Driven Organizations," Journal of Marketing, October 1994, 37-52.

6. C. K. Prahalad and Allen Hammond, "Serving the World's Poor Profitability," *Harvard Business Review*, September 2002, 48-57.
7. C. K. Prahalad and Gary Hamel, "The Core Competence of the Corporation," *Harvard Business Review*, May/June 1990, 79-91.
8. C.K. Prahalad and M.S. Krishnan, *The New Age of Innovation: Driving Cocreated Value Through Global Networks,* (McGraw-Hill, 2008).
9. David Hesmondhalgh, *The Cultural Industries*, (SAGE Publications Ltd, 2002).
10. David S. Hopkins, *The Marketing Plan* (New York: the Conference Board Inc., 1981). See also Howard Sutton, *The Marketing Plan in the 1990s* (New York: the Conference Board Inc., 1990).
11. David W. Cravens, Gordon Greenlty, Nigel F. Piercy, and Stanley Slater, "Mapping the Path to Market Leadership: The Market-Driven Strategy Imperative," *Marketing Management*, Fall 1998.
12. David, Cravens, Piercy, *Strategic Marketing*, 8e, (McGraw-Hill, 2006).
13. Dennis McCallum, *The Death of Truth: What's Wrong With Multiculturalism, the Rejection of Reason and the New Postmodern Diversity*, (Bethany House, 1996).
14. Francis J. Kelly, III, and Barry Silverstein, *The Breakaway Brand: How Great Brands Stand Out*, (McGraw-Hill, 2005).
15. Frederick E. Webster Jr., "The Future Role of Marketing in the Organization," in *Reflections on the Futures of Marketing*, Donald R. Lehmann and Katherine

E. Jocz (eds.) (Cambridge, MA: Marketing Science Institute, 1997), 39-66.

16.Frederick E. Webster, "The Changing Role of Marketing in the Organization," *Journal of Marketing*, October 1992, 11.

17.Gary Hamel and Liisa Välikangas, "The Quest for Resilience," *Harvard Business Review*, September 2003, 52-63.

18.George Day, "Continuous Learning about Markets," *California Management Review*, Summer 1994, 9-31.

19.George S. Day and Robin Wensley, "Assessing Advantage: A Framework for Diagnosing Competitive Superiority," *Journal of Marketing*, April 1988, 1-20.

20.George S. Day, "Aligning the Organization to the Market," in *Reflections on the Future of Marketing, Donald R. Lehmann and Katherine E. Joez (eds.) (Cambridge, MA: Marketing Science Institute, 1997), 67-93.*

21.George S. Day, "Continuous Learning about Markets", *California Management Review*, Summer 1994, 9-31.

22.George S. Day, "The Capabilities of Market-Driven Organizations," *Journal of Marketing*, October, 1994, 37-52.

23.Hartley, R.F., *Management Mistakes and Successes*, 7e. (John Wiley & Sons, 2003).

24."Inditex! Spain's World Beating Business Model," *BusinessWeek*, June 7, 2004, 78-79.

25.Kathryn Troy, *Change Management Striving for Customer Value* (New York: The Conference Board Inc., 1996), 5.

26.Manjeet Kripalani, "Now It's Bombay Calling the U.S.," *BusinessWeek*, June 21, 2004, 30.

27.Marc Gobe, *Brandjam: Humanizing Brands through Emotional Design*, St Martins Pr, 2006).

28.Melanie Wells, "Red Baron," *Forbes*, July 3, 2000, 151-160; Kerry Capell and Wendy Zellner, "Richard Branson's Next Big Adventure," *BusinessWeek, March* 8, 2004, 16-17.

29.Michael Arndt, "3M's Rising Star," *BusinessWeek*, April 12, 2004, 63-70.

30.Michael E. Porter, "Strategy and the Internet," *Harvard Business Review*, March 2001, 63-78.

31.Michael Porter, "What Is Strategy?" *Harvard Business Review*, November/ December 1996, 64.

32.Mike Featherstone, *Consumer Culture and Postmodernism*, 2e, (SAGE Publications Ltd, 2005).

33.Millman, Debbie, and Heller, Steven, *How to Think Like a Great Graphic Designer*, (St Martins Pr, 2007).

34.Moon Ihlwan, "Want Innovation, Hire a Russian," *BusinessWeek*, March 8, 2004, 22.

35.Nigel F. Piercy, "Marketing Implementation: The Implication of Marketing Paradigm Weakness for the Strategy Execution Process," *Journal of the Academy of Marketing Science* 13(213), 1999, 113-131.

36.Paulette Thomas, "Rubbermaid Stock Plunges over 12% on Projected Weak 2nd Quarter Profit," *The Wall Street Journal*, June 12, 1995, B6.

37.Preston Townley, Comments made by the Conference Board CEO during an address at Texas Christian University in Fort Worth, Texas, February 15, 1994.

38.Raymond Miles and Charles Snow, "Fit, Failure, and the Hall of Fame," *California Management Review*, Spring 1984, 10-28; and James Brian Quinn, *Intelligent Enterprise* (New York: Free Press, 1992), Chapter 5.

39.Richard Appignanesi and Chris Garratt, *Introducing Postmodernism*, 3e, (Naxos Audiobooks, 2005).

40.Robert J. Barbera, *The Cost of Capitalism: Understanding Market Mayhem and Stabilizing Our Economic Future*, (McGraw-Hill, 2009).

41.Robert S. Kaplan and David P. Norton, *The Balanced Scorecard (Boston: Harvard Business School Press, 1996).*

42.Roger L. Martin, "The Virtue Matrix Calculating the Return on Corporate Responsibility," *Harvard Business Review*, March, 2002, 69-75.

43.Rohit Deshpandé and John V. Farley, "Organizational Culture, Market Orientation, Innovativeness, and Firm Performance: An International Research Odyssey," *International Journal of Research in Marketing* 21, 2004, 3-22.

44.Shelby D. Hunt and Robert M. Morgan, "The Comparative Advantage Theory of Competition," *Journal of Marketing*, April 1995, 1-15.

45.Stanley F. Slater and John C. Narver, "Market Orientation, Customer Value, and Superior Performance," *Business Horizons*., March/April 1994, 22-27.

46.Steve Hamm, "Borders Are So 20th Century," *BusinessWeek*, September 22, 2003, 70-71.

47.Storey, John, *Cultural Consumption and Everyday Life*, (London: Arnold, 1999).

48.Vogel, *Entertainment Industry Economics: A guide for financial analysis*, (6e, Cambridge University Press, 2007).

49.Zygmunt Bauman, *Work, Consumerism and the New Poor*, (McGraw-Hill, 2005).

第二章
連結破碎

面對失序、分解和破碎的後現代環境，市場競爭愈趨複雜、經營風險愈來愈高、專屬技術資源有限，如何緊密有效連結系統內外，是後現代行銷破碎導向的重要策略，它不同於傳統供需和競爭關係，更強調透過合作滿足碎片價值，目標包括接近碎片、提升價值、降低風險、互補技術和獲得資源。無論如何，後現代市場除了需求面的破碎化，供給面的破碎化同樣顯著，如何有效地連結破碎的供需結構非常重要。本章將探討後現代市場破碎關係的本質範疇、連結動機和類型風險。

2.1 操弄結構洞

倘若後現代的市場價值是碎片平方，這樣的指數性和非線性擴張成長，關鍵在於如何連結無數碎片。現代經濟理論揭示規模報酬遞減，後現代經濟則是呈現規模報酬遞增。質

言之，碎片連結正是策略關鍵。套用社會學理論，網絡由連結所產生，脆弱的和破碎的連結構成了結構洞（structural hole），結構洞愈多，網絡地位就愈重要，操弄關係的能力也就愈強。同前說明，APPLE推出IPOD連結了破碎的供給面，包括歌曲來自獨立音樂人和製作公司，新聞來自傳統媒體，主機生產來自全球夥伴。另一方面，APPLE也連結了破碎的需求面，亦即，讓如碎片般的消費個體參與創造專屬的音樂聆聽模式。總體而言，後現代行銷語言就是連結，一種高度去中心化的中心化策略。

面對後現代破碎市場，連結策略不同於現代行銷只是權宜戰術，而是直指生存競爭的核心價值。細而言之，連結目標不只是影響生存績效，還包括提升碎片市場價值、因應多樣混亂環境、縮短技術資源落差，詳如圖2.1。首先，提升碎片市場價值，儘管沒有採取連結策略，透過一己獨特能力也能達成。不過，連結策略更能提高價值和吸引，例如，AMAZON網路書店和TOYS"R"US玩具，透過聯合品牌網站行銷玩具，充分結合TOYS"R"US倉儲能力和AMAZON網站經營。其次，因應多樣混亂環境，多樣性代表差異性，它會導致回應破碎市場的效率降低，連結策略可以滿足市場破碎和複雜需求，連結類型包括垂直和水平，它能避免在混亂環

境下獨立經營產生的風險，例如，BENETTON服飾與全球生產商和獨立配銷商簽約，BENETTON聚焦協調和指揮全球生產和配銷系統，透過優異的網路資訊能力，監測銷售和傳輸訂單給工廠。其他成功採取連結策略的組織，包括CASIO電子、NIKE球鞋、DELL電腦。最後，縮短技術資源落差，隨著研發支出快速成長，以及競逐全球市場所需的能力資源，獨立組織經常無力負擔，連結策略可以達到技術互補和分擔風險，例如，BOEING與LORAL SPACE和COMMUNICATIONS合作，提供機艙LIVE電視節目和網路服務；以及BOEING與IRBUS合作發展超音速飛機。一般而言，即便是微型組織只要擁有獨特技術優勢，同樣具有與大型組織議價的能力，例如，微型研發組織與大型藥廠合作，前者可以獲得財務支援，後者可以取得專業技術。另外，網路資訊利於縮短連結時間、提高成本效益、排除溝通障礙、降低研發時間、分享設計概念。無論如何，儘管不同產業的連結策略本質和數量不同，不過，面對相同的競爭環境和市場結構，不同的組織也可能採取相同的連結模型。總的來說，連結策略目標經常包括資源分享、趨近市場和縮短研發，例如，WAL-MART與CIFRA合資進入墨西哥市場就是成功典範。迄今，CIFRA／WAL-MART是墨西哥零售業的

領導品牌，類似的經驗同樣也被用在巴西和拉丁美洲市場。不過，連結策略仍需思辨下列議題，策略是否前瞻創新？關係是否平等互惠？夥伴潛能是否適配？文化是否相互融合？

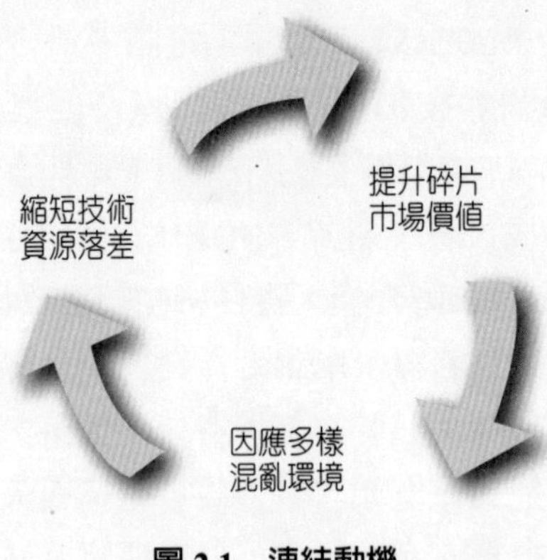

圖 2.1　連結動機

2.2 垂直和水平

連結類型包括垂直或水平，前者包括消費連結和外部連結，後者包括內部連結和橫向連結。消費連結方面，隨著市

場破碎化和忠誠不連續，直面擁抱碎片並且整合進入流程，提供創新價值和信任承諾是成功關鍵。不過，必須考慮碎片的意願能力、認知差異和專屬需求。例如，MARRIOTT飯店和UA航空聚焦於關鍵獲利的少數碎片客戶，意即80／20原則，協助改善經營管理流程。外部連結方面，獨特的附加價值流程，經常整合各種專業和效率組織；與上游連結方面，例如，DELL電腦各種委外活動，包括生產、運輸和維修服務；與下游連結方面，例如，AFLAC保險與日本當地會社合作，會社鼓勵員工購買保險並從薪資中扣款。無論如何，外部連結涉及複雜的權力關係和互相依賴。

內部連結方面，包括事業單位、功能部門和員工，強調團體合作更勝於專業分工，獨特流程包括合作研發、行銷、採購、財務和營運，藉此發現、評估、發展和滿足碎片市場的價值機會。例如，P&G內部連結網絡MY IDEA，獲得公司資源支持的員工創新理念，成功地縮減了SWIFFER去污劑新品上市時間。無論如何，內部連結強調信任和協調、高階支持、創新團隊、集體激勵和獎勵策略。至於橫向連結則包括競爭者和其他組織，連結目標經常指向長期和策略目的，亦即獨立個體藉此接近市場和分享技術資源。總的來說，橫向連結不是獨立個體的合併，儘管最終它可能導致實

體整合。橫向連結強調能力互補、成果共享和眞誠合作。能力適配方面，例如，GE和SNECMA合作生產噴射引擎，GE掌握空中巴士市場優勢，SNECMA則是引領引擎設計和生產技術。至於成果分享取決於詳細地風險報酬評價，不過，彼此的信任和承諾仍是成功關鍵。事實上，橫向連結關係非常脆弱和難以維持，包括缺乏信任和互利基礎、暫時性特質和過度依賴都是失敗原因。因此，隨時準備退出連結關係非常重要。另外，橫向連結最終可能成爲實體組織，例如，XEROX-FUJI合資進行股權互換；SINOPEC-HONYWELL合資拓展石油市場。總體而言，根據相關連結經驗顯示，基礎研發比接近市場的橫向連結更易成功；小型組織比大型組織對於橫向連結更爲猶豫；權力和競爭關係經常導致橫向連結產生衝突。

最後，消費連結和外部連結構成的垂直連結，一般稱爲價值鏈（value chain）、供應鏈（supply chain）或運籌（logistics），連結目標在於提高從生產移向市場的價值，其間網路、權力、創新扮演重要角色。例如，DELL透過網路去中間化，迪士尼先在戲院首輪，之後在百視達推出續集。儘管如此，錯誤的垂直連結也會產生負面效應，例如，P&G併購高檔寵物品牌LAMS，門市由旗艦店改爲量販店，

結果導致品牌形象受損，大幅降低了寵物門市和獸醫的代理意願。質言之，垂直連結意指包括獨立（interdependent）和相關（interrelated）滿足最終市場的合作網路，例如，醫院、醫師、藥局、救護車和保險公司構成健康照護體系。若從一般市場角度，除了中間組織之外，還包括財務組織、運輸系統和廣告代理。垂直連結可以創造許多附加價值，包括降低從生產到市場的交易頻次，貼近配合消費時間和多樣偏好，縮短生產和消費的地理距離，提高財務融通和促進交易，細分訂單利於倉儲配銷和零售，廣告促銷利於提高消費價值等。例如，鋼鐵服務中心向專業鋼廠採購，切鋼成本比專業鋼廠更低，更能滿足市場需求和降低庫存壓力。另外，垂直連結策略受到許多因素的影響，包括價格和宣告策略。例如，高價ROLEX手錶難以透過網路行銷；委外生產者與NIKE相同的ESCADA AG流行服飾，卻是採用精品門市宣告品牌形象，其他包括金融、娛樂、健康照護和保險等，也經常透過直接接觸方式而非中間組織。最後，消費和產品特性也會影響垂直連結策略，前者如消費數量、頻率和諮詢，例如，DELL採取接單後生產直銷給關係密切的大型組織；後者如產品複雜性和協助性，例如，化學和污染設備、電腦主機、工程設計等也經常採取直接接觸方式。

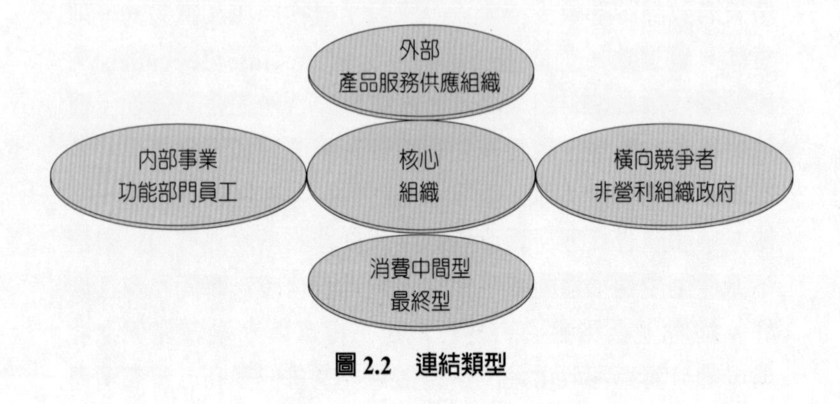

圖 2.2　連結類型

2.3 偶然和必然

連結策略對於現代行銷，可能只是一種偶然和選擇，然而，對於後現代行銷而言，則是一種必然和唯一。成功的連結策略在於目標、流程和準則，目標包括取得嶄新能力，例如，與大學研究機構、創投組織甚至競爭者，藉此因應複雜的科技變化，縮短滿足市場的時間落差。另外，透過連結可以發掘潛在合作夥伴，藉此創新或強化選擇和宣告策

略。同前說明，現代市場是集中、規模和成熟，市場通常由少數大型組織掌控並且伴隨許多小型組織。相反地，後現代市場是分散、破碎和成長，非標準化的微型創新組織反而更具優勢，他們透過接受大型組織委外生產或提供關鍵服務，扮演關鍵的微調者（moderator）及殺手角色。例如，美國微型半導體設計公司足以連結具有量產能力的台灣和韓國公司。最後，透過連結可以達成組織再造和成本縮減，例如，許多歐美跨國組織連結台灣公司，藉此降低投資風險和生產成本。無論如何，儘管連結策略愈趨重要，不過，效率管理也愈趨複雜，包括連結目標、方式和績效衡量是否明確？是否充分溝通信任、利益分享、避免對抗？是否適切回應可能隨時發生的連結衝突？是否建立快速斡旋機制積極解決？一般而言，無效的連結策略領導結構，經常容易阻礙協調和延緩決策，其他還包括連結目標、排序、流程，以及文化、政經、宗教和社會系統等差異。不過，貼近學習絕對是連結策略的成功關鍵，通常日本比美國組織更能從連結策略中學習。

倘若聚焦於垂直連結，連結類型包括傳統連結和系統連結，前者屬於非正式結構，強調交易而非合作；後者由特定組織主導協調，分為主權型、契約型、管理型和關係型。

主權型全面掌控所有連結權力，儘管較具吸引但也較難適應新的環境，例如，LAURA ASHLEY服飾完全擁有全球連鎖門市。契約型基於各種正式協議，可以由生產者或價值鏈組織發起，例如，AFFILIATED雜貨自願發起的批發組織。管理型由優勢組織主導，優勢來源包括財務、形象、行銷或創新能力，藉此支援和協助其他組織，例如，DEBEERS掌握全球鑽石配銷和訂價。關係型強調合作和資訊分享，類似管理型但非優勢組織主導，例如，RADIO SHACK零售與SPRINT電話公司合作。垂直連結也要考慮連結密度即零售門市數量，例如，7-11超商是密集連結；LV旗艦店是獨家連結；LEXUS汽車是介於兩者之間。無論如何，垂直連結密度受到策略需求、管理偏好、市場特質、宣告策略等因素的影響。另外，垂直連結也要契合選擇策略，例如，多元碎片市場需要多元連結系統，藉此提供碎片個體最大價值如創新和彈性。不過，多元連結也象徵著彈性和控制的兩難，彈性是增減連結關係的容易程度，例如，傳統連結的控制程度通常較低，但是也較具有進入和退出的彈性。

總的來說，檢視垂直連結應該從不同階層出發，不只是聚焦於生產者還應該包括其他價值鏈。特別是垂直連結一旦建構即難以修正，例如，GOODYEAR輪胎垂直連結SEARS

百貨，結果惹惱了獨立經銷商轉而支持其他競爭品牌。垂直連結也要考慮權力結構、連結關係、衝突解決、連結績效和道德法律等。一般而言，連結權力經常取決於獨特優勢，包括規模、經驗和掌控能力等。儘管傳統連結屬於非正式關係，意指可以隨時宣告終止合作的承諾，不過，傳統連結正逐漸朝向高度結構化發展，包括在政策、流程和資訊處理。總體而言，愈是了解垂直連結可以互蒙其利，愈能提高垂直連結的信任程度。另外，儘管目標排序和文化差異經常導致連結衝突，不過，尋找適配夥伴、事前有效溝通、事中充分協調、事後仲裁機制等，都能有效排除或降低衝突，偶爾連結衝突也需要法院仲裁解決，例如，LEVI'S牛仔褲在歐洲擁有高檔品牌形象，英國的零售價格二倍高於美國，由於LEVI'S拒絕出貨，TESCO超市於是從歐洲其他地區進口，並在英國低價銷售，結果LEVI'S認爲TESCO嚴重侵害LEVI'S品牌形象。最後，歐洲法庭判決LEVI'S勝訴。不過，值得思辨之處，TESCO是否需要理會法院判決？LEVI'S該爲重新掌控垂直連結權力而歡呼？又該如何正視LEVI'S品牌遭到市場和媒體抵制？

面對後現代破碎市場，垂直連結是必然的策略。事實上，近年來垂直連結的重要趨勢是多元連結策略，例

如，DAYTON-HUDSON零售採取多元通路連結，包括與MARSHALL FIELDS百貨、TARGET & MERVYNS折扣店、TARGET DIRECT網站等。另外，BENETTON服飾採取多元垂直連結，包括委外製造和特許加盟通路，例如，女性專賣門市和都會購物區旗艦店。總的來說，多元垂直連結策略應該被視爲是變數而非常數，亦即是必然而非偶然，例如，在家銷售知名品牌AVON，紛紛將傳統通路轉向百貨、量販和網路就是最好證明。無論如何，由於垂直連結成本占總成本三成以上，因此，垂直連結必須考慮降低成本和縮短時間，例如，HELEN CURTIS護髮產品透過自動化運輸倉儲，成功地降低了四成配銷成本；MERVYN折扣店成功地縮短了平均銷售時間，從十四天降至九天；SUN電腦採用聯邦快遞直銷提高市場滿意。其他連結績效還包括利潤貢獻、市場滿意度、占有率和成長率等。另外，法令和道德也是重要因素，意圖降低市場競爭的惡性連結協議，過去以來始終受到高度關注。不過，全球化和文化差異更複雜化上述因素，最後，不同組織的連結策略也會相互影響，例如，TARGET以內部規定規範外部連結組織的倫理道德和製程環境。

無論如何，成功的垂直連結策略取決於合作分享、流程

整合和效率彈性，例如，DELL吸納如碎片般的消費個體意見，整合確認和刪除無效率和多餘的流程，藉此縮短客製和消費時間與降低庫存。質言之，DELL直接將外部無數碎片納入組織內部流程，透過網路科技有效達成垂直連結整合。總體而言，任何的連結協調都可能失靈，因此，必須經常檢視和搭配回復策略，同前說明，垂直連結策略若是一種變數，它的函數就是彈性。

2.4 結論

面對後現代破碎市場，爲了因應瓦解和多變的環境，連結策略可以達成許多目標，包括提升碎片市場價值、因應多樣混亂環境、降低技術資源落差。評價連結策略可以基於連結目標爲何？最佳的連結途徑？最佳的連結夥伴？連結文化是否契合？總的來說，連結類型可以從交易到合作，可以垂直於消費者或價值鏈，或是水平於跨產業或產業中。垂直連結代表產品移動到最終市場的相關組織、流程和系統，通常包括與最終市場、供應商、製造商和價值鏈等合作，垂直

連結需要考量類型、密度和結構，其他還包括市場需求、產品特色、財務控制和權力結構等。至於水平連結則是包括與競爭者、非營利組織或政府等。無論如何，後現代破碎市場導致連結策略愈趨風行，不過，無論是垂直或水平連結，策略脈絡經常指涉複雜、衝突和失靈，因此，成功的連結經常取決於協調、信任和承諾。質言之，連結策略可以達成許多目標，包括接近新技術、發展新市場、建構新宣告、同時也包括組織再造和成本縮減。總的來說，後現代連結策略愈趨複雜多變，愈是需要更多承諾信任、平衡利益、認知衝突、彈性因應、調整文化和適當評價。最後，近年來隨著全球化風行，儘管現代行銷的同質化、全球化和整合化，仍然可以提供許多重要的策略觀點。不過，對於後現代行銷而言，全球化並不代表著同質化，甚且它隱喻著更多的異質化、在地化和破碎化，或說全球化就是破碎化。因此，誠如本章標題揭示連結破碎，直面後現代的高度去集中化，連結是破碎的最佳回應，亦即，連結是一種高度去集中化的最佳集中化策略。

延伸閱讀

1. A. Parasuraman and Charles L. Colby, *Techno-Ready Marketing: How and*

Why Your Customers Adopt Technology (New York: Free Press, 2001).

2. Andy Pasztor and Jeff Cole, "Boeing Plans TV, Web Alliance for Inflight Access," *Wall Street Journal*, April 28, 2000, 5.
3. Andy Pasztor and Jeff Cole, "Boeing Plans TV, Web Alliance for Inflight Access," *Wall Street Journal*, April 28, 2000, 5.
4. B. Evans and M. Powell, "Synergistic Thinking: A Pragmatic View of 'Lean' and 'Agile,'" *Logistics and Transport Focus* 2, no. 10, December 2000; Mark Whitehead, "Flexible: Friend or Foe," *Supply Management*, January 6, 2000, 24-27.
5. Bert C. McCammon Jr., "Perspectives for Distribution Programming," in *Vertical Marketing Systems*, ed. Louis P. Bucklin (Glenview, IL: Scott, Foresman, 1970), 43.
6. Bert C. McCammon Jr., "Perspectives for Distribution Programming," in *Vertical Marketing Systems*, ed. Louis P. Bucklin (Glenview, IL: Scott, Foresman, 1970), 43.
7. Bocock, Robert, *Consumption*, (London: Routledge, 1993).
8. Business Week, *Marketing Power Plays: How the Wolrd's Most Ingenious Marketers Reach the Top of Their Game*, (McGraw-Hill, 2006).
9. C. K. Prahalad and Venkat Ramaswamy, *The Future of Competition: Co-Creating Unique Value with Customers* (Cambridge, MA: Harvard Business School Press, 2004).
10. C. K. Prahalad and Venkat Ramaswamy, *The Future of Competition: Co-Creating Unique Value with Customers* (Cambridge, MA: Harvard Business School Press, 2004).

11.C.K. Prahalad and M.S. Krishnan, *The New Age of Innovation: Driving Cocreated Value Through Global Networks*, (McGraw-Hill,2008).

12.Carliss Y. Baldwin and Kim B. Clark, "Managing in an Age of Modularity," *Harvard Business Review*, September-October 1997, 84-93 at 84.

13.Carliss Y. Baldwin and Kim B. Clark, "Managing in an Age of Modularity," *Harvard Business Review*, September-October 1997, 84-93 at 84.

14.Chris Adams, "Steel Middlemen Are Finding Fatter Profits in the Metal," *The Wall Street Journal*, August 8, 1997, B4.

15.Cliff Edwards, "Boutiques for the Flagging Brand," *BusinessWeek*, May 24, 2004, 68.

16.Cliff Edwards, "Will Souping Up TiVo Save It?" *BusinessWeek*, May 17, 2004, 82-83.

17.Cliff Edwards, "Will Souping Up TiVo Save It?" *BusinessWeek*, May 17, 2004, 82-83.

18.David Hesmondhalgh, *The Cultural Industries*, (SAGE Publications Ltd,2002).

19.David W. Cravens, Shannon H. Shipp, and Karen S. Cravens, "Analysis of Cooperative Interorganizational Relationships, Strategic Alliance Formation, and Strategic Alliance Effectiveness," *Journal of Strategic Marketing*, March 1993, 55-70.

20.David, Cravens, Piercy, *Strategic Marketing*, 8e, (McGraw-Hill, 2006).

21.Denis R. Towill, "The Seamless Supply Chain: The Predator's Strategic Advantage," *International Journal of Technology Management* 13, no. 1, 1997, 37-56.

22.Dennis McCallum, *The Death of Truth: What's Wrong With Multiculturalism, the Rejection of Reason and the New Postmodern Diversity*, (Bethany House,1996).

23.Faith Keenan, Stanley Holmes, Jay Greene, and Roger O. Crockett, "A Mass Market of One," *BusinessWeek*, December 2, 2002, 62-65.

24.Francis J. Kelly, III, and Barry Silverstein, *The Breakaway Brand: How Great Brands Stand Out*, (McGraw-Hill, 2005).

25.Frederick E. Webster Jr., "The Changing Role of Marketing in the Organization," *Journal of Marketing*, October 1992, 1-17.

26.Frederick E. Webster Jr., "The Changing Role of Marketing in the Organization," *Journal of Marketing*, October 1992, 1-17.

27.Frederick E. Webster Jr., "The Rediscovery of the Marketing Concept," *Business Horizons*, May-June 1988, 37.

28.Gary R. Weaver, Linda Klebe Trevino, and Philip L. Cochran, "Corporate Ethics Practices in the Mid-1990s: An Empirical Study of the *Fortune* 1000," *Journal of Business Ethics* 18, no. 3, 1999, 283-294.

29.Gill South, "Upwardly Mobile," *The Business*, September 2, 2000, 26-29.

30.Gill South, "Upwardly Mobile," *The Business*, September 2, 2000, 26-29.

31.Hartley, R.F., *Management Mistakes and Successes*, 7e, John Wiley & Sons, 2003).

32.J. B. Naylor, M. M. Naim, and D. Berry, "Leagility: Interfacing the Lean and Agile Manufacturing Paradigm in the Total Supply Chain," *International Journal of Production Economics* 62, 1999, 107-118.

33.Jack Ewing and Christina Passariello, "Has Benetton Stopped Unravelling?"

BusinessWeek, June 23, 2003, 22-23; Arnaldo Camuffo, Pietro Romano, and Andrea Vinelli, "Back To the Future: Benetton Transforms Its Global Network," *Sloan Management Review*, Fall 2011, 46-52.

34.James A. Narus and James C. Anderson, "Turn Your Industrial Distributors into Partners," *Harvard Business Review*, March-April 1986, 66-71.

35.James P. Womack and Daniel T. Jones, *Lean Thinking: Banish Waste and Create Wealth in Your Corporation* (New York: Simon and Schuster, 1996); James P. Womack and Daniel T. Jones, "Beyond Toyota: How to Root Out Waste and Pursue Perfecion," *Harvard Business Review*, September/October 1996, 140-158; James P. Womack and Daniel T. Jones, "From Lean Thinking to the Lean Enterprise," *Harvard Business Review*, March/April 1994, 93-103.

36.John Hagel, "Leveraged Growth: Expanding Sales without Sacrificing Profits," *Harvard Business Review*, October 2002, 69-77.

37.John Jagel, "Leveraged Growth: Expanding Sales without Sacrificing Profits," *Harvard Business Review*, October 2002, 69-77.

38.Lars Hallen, Jan Johanson, and Nazeem Seyed-Mohamed, "Interfirm Adaptation in Business Relationships," *Journal of Marketing*, April 1991, 30.

39.Lars Hallen, Jan Johanson, and Nazeem Seyed-Mohamed, "Interfirm Adaptation in Business Relationships," *Journal of Marketing*, April 1991, 30.

40.Lisa Bannon, "Natuzzi's Huge Selection of Leather Furniture Pays Off," *The Wall Street Journal*, November 17, 1994, B4.

41.Louis W. Stern, Adel I. EI-Ansary, and James R. Brown, *Management in Marketing Channels* (Englewood Cliffs, NJ: Prentice Hall, 1989), 4

42.Marc Gobe, *Brandjam: Humanizing Brands through Emotional Design*, St

Martins Pr, 2006).

43.Mark Tosh, "ECR－A Concept with Legs, Heart and Soul," *Progressive Grocer*, December 1998, 4-5; Richard J. Sherman, "Collaborative Planning, Forecasting and Replenishment: Realizing the Promise of Efficient Consumer Response through Collaborative Technology," *Journal of Marketing Theory and Practice* 6, no. 4, 1998, 6-9.

44.Martin Christopher and Denis R. Towill, "Supply Chain Migration from Lean to Functional to Agile and Customized," *Supply Chain Management* 5, no. 4, 2000, 206-221.

45.Matthew Schifrin, "Partner or Perish," Forbes, May 21, 2001, 26-28.

46.Matthew Schifrin, "Partner or Perish," Forbes, May 21, 2001, 26-28.

47.Mike Featherstone, *Consumer Culture and Postmodernism*, 2e, (SAGE Publications Ltd, 2005).

48.Millman, Debbie, and Heller, Steven, *How to Think Like a Great Graphic Designer*, (St Martins Pr, 2007).

49.Paul F. Nunes and Frank V. Cespedes, "The Customer Has Escaped," *Harvard Business Review*, November 2003, 96-105.

50.Peter Cunliffe, "Worldwide Superstore for Retailers," *Daily Mail*, April 1, 2000; Dan Roberts, "Tesco Joins Online Consortium," *Daily Telegraph*, April 1, 2000.

51.Ravi S. Achrol, "Evolution of the Marketing Organization New Forms for the Turbulent Environments," *Journal of Marketing*, October 1991, 78-79.

52.Ravi S. Achrol, "Evolution of the Marketing Organization: New Forms for the Turbulent Environments," *Journal of Marketing*, October 1991, 78-79.

53.Richard Appignanesi and Chris Garratt, *Introducing Postmodernism*, 3e, (Naxos Audiobooks, 2005).

54.Robert J. Barbera, *The Cost of Capitalism: Understanding Market Mayhem and Stabilizing Our Economic Future*, (McGraw-Hill, 2009).

55.Salvatore Parise and John C. Henderson, "Knowledge Resource Exchange in Strategic Alliances," *IBM Systems Journal* 40, no. 4, 2001, 908-924.

56.Salvatore Parise and John C. Henderson, "Knowledge Resource Exchange in Strategic Alliances," *IBM Systems Journal* 40, no. 4, 2001, 908-924.

57.Storey, John, *Cultural Consumption and Everyday Life*, (London: Arnold, 1999).

58.Vogel, *Entertainment Industry Economics: A guide for financial analysis*, 6e, (Cambridge University Press, 2007).

59.Zygmunt Bauman, *Work, Consumerism and the New Poor*, (McGraw-Hill, 2005).

第二篇

集中到破碎

第三章
集中退化

現代化若是一種集中和規模，福特T型車「只要是黑色就行！」就是最佳寫照。然而，隨著後現代連續消失和支離破碎，包括不連續的科技和破碎瓦解的市場，其他還包括全球競爭和多元偏好等因素，導致掌握市場結構和機會威脅愈來愈難，例如，數位趨勢同時顛覆了電腦、通訊和相機等市場。以相機市場爲例，如何評價數位趨勢的本質和範疇？數位趨勢如何衝擊傳統軟片和相機市場？除了確保傳統市場又如何回應競爭挑戰？質言之，面對不連續的支離破碎，重新勾勒市場想像和定義競爭結構非常重要。本章將分別探討市場的退化和碎化，以及描述和分析競爭的分裂和匯聚。

3.1 退化和碎化

倘若現代價值的弱化還不算瓦解，個人與集體的連結也早已退化。易言之，持續強化的不穩定特徵，如同是連續深

化的破碎混亂，爲了在多變競爭的環境中脫穎而出，現代行銷區隔有必要更深化斷裂，徹底碎化和滿足更獨特專屬的需求。儘管如此，現代行銷的標準化地理人口統計，將複雜性行爲簡化爲可以衡量的構念仍然可行。不過，後現代行銷需要更多向度和非化約辯證，將失序破碎的消費個體置入有序的市場空間，效率地傳遞資源，沒有缺口，沒有脫離分類，亦即市場空間成爲馬賽克場域（mosaic space）。易言之，面對後現代市場的退化和碎化，不斷地變換排列組合，持續地解構重組才是關鍵。總體而言，面對後現代的連續消失和支離破碎，儘管部分後現代主義者宣稱，任何運用現代技術與方法來理論化後現代的嘗試終將失敗。不過，後現代可以是一種超越現代的積極性否定，它可以正面詮釋爲是舊束縛和舊壓制的解放，亦即，後現代興起不必然對立於現代確定性和穩定性淪喪。畢竟，碎化不是市場的稀釋，而是豐富的可能。因此，直面現代行銷模型和原則，仍能提供後現代行銷超越化的策略。

易言之，了解市場是現代行銷的策略核心，對於後現代破碎導向策略同樣適用。市場影響策略，價值提供機會，無論是現代或後現代行銷，連續性的策略變革利於回應不連續性的市場變化，誤判市場除了無法滿足需求，也會讓競

爭者得以伺機滲透。事實上，市場變化受到很多因素的影響，包括管制撤除、超額產能、策略併購、需求變化、技術斷裂和去中間化（disintermediation）等。一旦市場宣告新的機會，也代表潛藏新的威脅，例如，全球知名的大英百科全書，由於輕忽數位變革導致經營遭到嚴重衝擊。九〇年代，大英百科的次品牌COMPTON早已擁有類似數位技術，然而，由於市場誤判和微軟加入，最終市場由一百美元光碟取代二千美元紙本，大英百科最後只能宣告退場。價值變遷（value migration）就是重要的市場變化因素，亦即象徵滿足市場價值的流程轉換，例如，從傳統打字機到電腦；從紙本出版到光碟；從傳統軟片到數位相機。無論如何，預測價值變遷絕對是後現代破碎導向的策略關鍵，只是如何精確地預測價值變遷本質、範疇和時間，非常不易。

定義和描述市場結構，是了解市場的重要流程，儘管定義市場的方法很多，不過，市場結構經常改變。一般而言，市場代表著一群有需求、有能力、有意願的消費個體，透過消費系列的產品獲得滿足。因此，市場可以經由各種消費滿足加以定義，它可以是系列的產品組合。易言之，不同產品的替代性愈高，市場的競爭性也就愈強，例如，福特TAURUS和豐田CAMRY屬於直接競爭。另外，預算限制下

的其他消費也會產生競爭排擠。因此，了解市場結構利於掌握競爭情勢，如果單純聚焦於直接對手，可能忽略潛在的威脅。質言之，市場結構可以分為一般型、產品型和差異型。一般型（generic）強調滿足普遍相似的需求，例如，由各種產品組成廚房用品市場。然而，需求相似未必採取相同的滿足途徑，意即一般型市場還包括差異化的產品類型。產品型（product-type）代表特定產品類型或分類，專門提供特定的產品利益，透過特定的方式滿足需求，例如，廚房加熱產品。差異型（product-variants）意指差異化的產品形式，例如，電子、瓦斯和微波爐採用不同的加熱技術，圖3.1顯示市場結構的碎化定義，以廚房用品市場為例，一般型可以滿足各種廚房功能；產品型包括清潔、烘乾、加熱、冷卻等產品；差異型則是特定產品類型之不同技術產品。簡言之，碎化市場可以從發現滿足一般型需求開始，然後逐步縮限聚焦和市場碎化。例如，廚房用品公司如果擬擴大產品組合，除了聚焦於滿足清潔需求的既定洗碗系列之外，還可以擴及滿足食物加熱和冷卻等需求市場。因此，擴張策略可以朝向共同研發、製造、配銷和廣告優勢的產品類型發展。例如，八〇年代，MAYTAG就是採取併購其他廚房專業產品線策略，擴張成為全方位廚房用品專家，該公司最終產品組合包

括電冰箱、暖爐和微波爐等。另外，檢視市場結構也應該納入其他相關產品，例如，麥當勞定義速食市場結構，不應該只是聚焦於一般速食消費和直接競爭者，還要向外擴及微波爐速食客戶等，意即包括可以滿足速食消費需求的所有產品組合，例如，量販超市熟食、便利商店速食、傳統餐廳外賣，或是在家微波食物等。綜合言之，現代行銷的分類遞增如同是後現代的集中退化和碎化加強，只是後者更揭示去分類的哲學觀點，亦即，強調應該加入更多向度構面徹底分解，易言之，現代行銷的認知圖示仍然可行，只是需要轉換為多向度空間構面，如圖3.1多向度前景包括功能、價格、服務三個維度。例如，如果重新解構廚房用品分類，將最初的功能價值轉而由象徵價值取代，如同，名流社會純粹用來表彰社會地位的豪華廚具，實際烹飪功能並非重點。另外，如果再納入時間構面，於是成為一個四維空時流形（manifold），每個當下只是四維連續統中的某個剖面和切片，則後續的市場退化和碎化分類構面也將徹底瓦解。

另外，定義市場結構也會受到分析的目標、競爭和技術，以及市場的複雜程度等因素影響。首先，如果分析的目標在於判斷是否退出市場，重點可能在於財務績效，而非詳細的市場結構。相反地，如果目標在於進入潛力機會市

場，市場分析應該包括可以滿足相同需求的所有產品，例如，分析相機市場應該包含數位相機和傳統相機及底片，如此才能徹底掌握既定和潛在的機會和威脅。其次，新的技術和競爭也會隨時改變市場結構，新的技術可以提供不同的方法滿足需求，如同e-mail之於傳統傳眞；新的競爭也會導致當前市場結構變遷，如同3G寬頻之於傳統影像視訊。易言之，倘若只聚焦於既定市場，可能導致策略的不完全。事實上，既定的產業分類經常無法適切的定義市場結構，因爲它經常以供給爲導向，而非以需求爲導向。最後，掌握市場的複雜程度利於描繪市場結構，市場的複雜程度取決於功能（function）、技術（technology）和碎片（fragments）等。功能代表可以提供市場滿足的功能利益，它會隨著不同情境產生變化，例如，電腦功能可以包括娛樂、傳輸和購物等。技術代表構成產品的原料、設計和服務，例如，e-mail傳輸技術透過網路，聯邦快遞透過航空。碎片代表如碎片般消費個體的多元需求，如同特定的品牌無法滿足所有的需求，個人和群體及家庭和組織需求，也經常存在極大的差異。無論如何，碎片驅動市場，一旦碎片發生變化，市場也會隨之改變，因此，聚焦於碎片有利於市場定義。易言之，市場定義不是由供給面的生產來決定，而是由需求面的碎片

來宣告。

總的來說，市場碎化可以透過下列路徑，首先，可以透過相關人口統計變數，包括家庭規模、所得、性別、職業和年齡，甚或可以拉高至產業類型、規模和結構。其次，可以了解消費過程中的認知需求、資訊搜尋、發現評估等決策流程，不同的消費情境、消費長度和複雜程度將會造成何種影響？消費決策指標爲何？品牌扮演何種角色？最後，可以透過掌握影響消費的外部因素，包括政府、社會、經濟、科技和文化等。本質上，外部因素不受市場供需因素的影響，不過它卻會顯著地影響消費，亦即，許多不可抗力因素會改變市場，例如，九○年代亞洲地區人口結構改變、稅法變革影響投資、經濟危機和利率變化等。無論如何，市場碎化流程首先取決於一般型分析，詳述市場規模和結構是重要關鍵，例如，分析航空旅遊市場應該掌握市場規模、個人或組織特質等。其次，分析產品型和差異型市場，需要更具體示現碎片的特質，例如，需求欲求、消費情境、興趣意見、流程和選擇決策等。總的來說，破碎導向策略就是逐步退化至徹底碎化，利於後續碎片選擇和宣告策略。

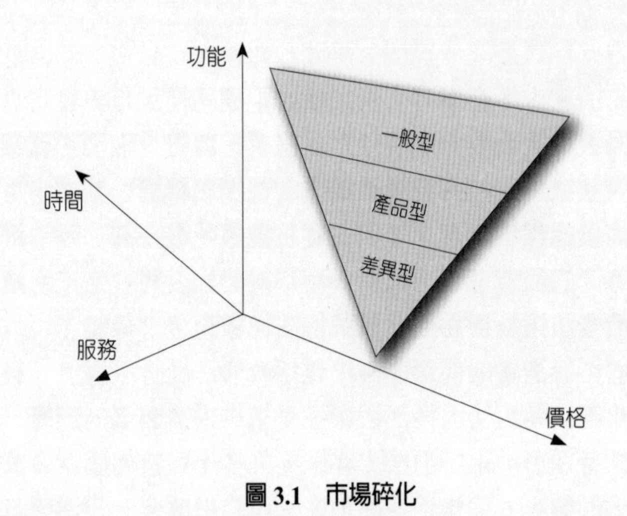

圖 3.1 市場碎化

3.2 分裂和匯聚

另外，討論市場競爭範疇，市場競爭通常指涉直接競爭者，例如，可口可樂與百事可樂。實質上，競爭範疇通常存在於不同層次，如圖3.2，例如，ZERO可樂與其他低熱量品牌（差異型）是直接競爭，與其他軟性飲料（產品型）

及其他飲料類型（一般型）是間接競爭，至於與其他非飲料消費，例如，娛樂消費（預算型）則是外部競爭。質言之，策略優勢取決於有效掌握競爭範疇，範疇定義取決於詳細的產業結構分析，包括產業結構特質和發展趨勢，例如，產業規模、銷售和成長率、進入障礙和地理範疇、個別組織經營導向和產品組合等。無論如何，隨著全球化和跨國組織發展，產業結構分析必須跳脫既定及本國疆域。一般而言，產業結構可以透過價值鏈分析和競爭者分析進行。首先，價值鏈分析包括向前或向後、合作或交易、委外製造或運籌，例如，波特（Porter）五力模型包括當前競爭者、新進者、替代品、供應商、消費者是經常被採用的模型。當前競爭者就是直接競爭者，例如，可口可樂和百事可樂。新進者就是潛在競爭者，例如，中華電信之於有線電視。替代品則是滿足相同需求的其他產品，例如，網路郵件之於傳眞機。供應商則是提供獨特專屬資源的外部組織，例如，大陸稀土廠商和INTEL半導體，透過垂直整合或外部連結利於降低與供應商的競爭關係，例如，全球晶圓代工廠台積電就是最佳典範。消費者除了如碎片般的消費個體也包括零售通路，例如，WAL-MART百貨。然而，通路權力過度集中可能導致競爭失衡。總的來說，垂直競爭意指供應商、消費者和通路，水

平競爭則是新進者和替代品，面對後現代破碎市場，採取必要的連結策略如合作聯盟可能更勝於直接競爭。其次，競爭者分析通常指涉競逐相同市場者，例如，同樣競逐美國與全球市場的美國航空、達美航空和聯合航空，以及可口可樂與百事可樂。另外，滿足相同需求的不同產品也是競爭者，例如，微波食品和速食食品。實務上，競爭者分析經常包括優勢和劣勢、執行和限制，特別是過去回應模式、決策風格、

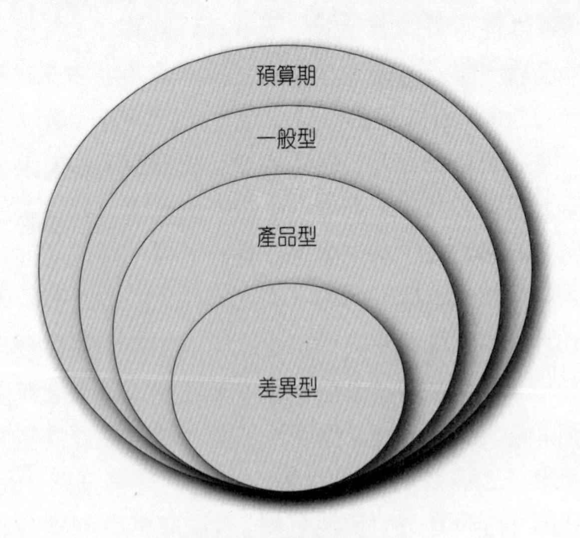

圖 3.2　競爭層次

一致性、優先排序和方向等。儘管競爭者過去績效和回應可以作為參考，但是它並非是預測未來的最佳路徑。另外，若無重大的外部因素影響，競爭者策略經常會呈現連續性發展，不過，如同不穩定的後現代市場，不連續的競爭者策略也可能隨時突現。

總體而言，市場結構和競爭範疇經常無法明確定義和預測，例如，市場結構是處於明確、停滯、模糊或演變階段？潛在市場和競爭者是否已被發掘？市場競爭是否導致策略變革？競爭層次屬於產品組合、事業、公司層次？不同層次競爭是否相互影響？競爭是否影響產業標準和市場發展？細而言之，有效區分市場的不同競爭階段非常有利。一般而言，第一階段，市場處於確認產品概念和技術及共識和典範仍不確定的階段，例如，初萌的數位相機市場。第二階段，市場處於競相操弄產業標準和蓄勢發展的階段，例如，成長的VHS和BETA錄影帶市場。第三階段，市場定義逐漸明確和規模確立，市場破碎成為獨具利益的多元碎片，例如，成熟的個人電腦市場。無論如何，體認市場多變是常態是重要的競爭策略，普哈拉認為預測市場變化可以檢視：何種產品能徹底和不連續地改變市場結構？不連續的影響程度為何？不連續的創新機會為何？市場趨勢如何影響消費者？是誰掌

握了趨勢？關鍵獲益和損失者是誰？如何從趨勢中學習更多？質言之，如何有效地預測和掌握超越當下環境的影響力，了解它們將如何衝擊既定的市場疆域？評價上述流程需要投入多少心力和時間？無論如何，面對不連續和破碎的後現代市場，基於破碎導向的持續預測流程非常可行，例如，預測電視和電腦的未來發展，後現代行銷可以將市場分裂和解構成為通訊、電腦、娛樂、有線電視、網路、數位技術與遠距教學等系列組合，最後，重新建構出未來電視和電腦可能擁有多元功能，包括娛樂、教育和工作。實證上，SONY和PHILIPS消費電子、SILICON GRAPHICS和COMPAQ資訊、APPLE和MICROSOFT電腦，就是分別從不同優勢偏好切入相同目標，最終形成市場競爭路徑的匯聚。

儘管市場或競爭的分裂或匯聚無法掌握，不過，評價既定市場和潛在市場規模仍然利於發現潛在機會。一般而言，市場規模意指特定期間市場的銷售金額、數量或頻率，衡量方式包括市場潛力、銷售預測和市場占有。細而言之，市場潛力（market potential）代表特定期間市場銷售的上限，可以分為一般型、產品型、差異型，通常實際銷售會低於市場潛力，落差原因包括，特定期間消費意願和能力、製造和配銷系統未必全然契合市場需求。銷售預測（sales forecast）

代表特定期間市場的預期銷售，同樣可以分爲一般型、產品型、差異型三類。市場占有（market share）代表特定組織銷售占總體市場銷售的比率，評估基礎可以是實際銷售或預測銷售，藉此利於分析和比較不同產品競爭，以及競爭價格改變會導致何種替代變化。無論如何，預測應該明確定義市場、期程和區位，否則上述比較會顯得毫無意義，其他還包括衡量單位是金額或數量？不同的市場定義？通路整備程度？促銷或內部轉撥價格？總的來說，市場預測必須基於宏觀角度，除了評價總體市場和碎片吸引之外，對於評價是否進入或退出市場同樣有利。

3.3 結論

後現代行銷的破碎導向策略，關鍵在於市場和競爭分析，市場分析除了聚焦於多元碎片，宏觀市場結構仍然無可避免。質言之，破碎導向仍應扣緊市場變化，掌握市場的價值變遷是後現代行銷的基進策略，忽略市場變化等於宣告策略瓦解。本章在檢視市場的本質和結構時，除了援引現代

行銷模型和原則，亦即，將集中市場逐步退化爲一般型、產品型和差異型，同時也強調應該納入多向度構面徹底瓦解市場，利於掌握不連續和不確定的價值變化。首先，透過市場分析確立市場疆域，定義和發現市場機會和威脅。其次，透過競爭範疇分析如價值鏈和競爭者分析等模型，描述和預測實際和潛在競爭者及其行爲反應。總體而言，無論是市場或競爭分析，評估基礎仍應從總體市場，然後逐步退化至多元碎片，或是產品類型、品牌和區位等。最後，儘管後現代行銷揭示市場極度破碎，強調頌揚差異會對自認異於主流的碎片產生吸引。不過本章同樣揭示，後現代行銷不只是玩弄碎片，並且全然放棄宏觀。事實上，後現代行銷強調一種超越現代行銷的積極性，亦即，強調一種基於現代行銷的超越化策略，例如，退化後的碎化、分裂後的匯聚。如同文本揭示，碎化不是市場的稀釋，而是豐富的可能。

延伸閱讀

1. Bob Shaw and Merlin Stone, "Competitive Superiority through Database Marketing," *Long Range Planning*, October 1988, 24-40.
2. Bocock, Robert, *Consumption*, (London: Routledge, 1993).
3. Business Week, *Marketing Power Plays: How the Wolrd's Most Ingenious Marketers Reach the Top of Their Game*, (McGraw-Hill, 2006).

4. C. K. Prahalad and Gary Hamel, "Strategy as a Field of Study and Why Search for a New Paradigm?" *Strategic Management Journal*, Summer 1994, 5-16.
5. C. K. Prahalad, "Weak Signals versus Strong Paradigms," *Journal of Marketing Research*, August 1995, iii-vi.
6. C.K. Prahalad and M.S. Krishnan, *The New Age of Innovation: Driving Cocreated Value Through Global Networks*, (McGraw-Hill, 2008).
7. Cynthia Crossen, "Margin of Error," *The Wall Street Journal*, November 11, 1991, A1. Wall Steet Journal. Central Edition (staff produced copy only) by Cynthia Crossen. Copyright 1991 by Dow Jones & Co Inc. Reproduced with permission of Dow Jones & Co Inc. in the format Textbook via Copyright Clearance Center.
8. David Fairlamb, Gail Edmondson, Laura Cohn, Kerry Capell, and Stanley Reed, "The Best European Performers," *BusinessWeek*, June 28, 2004, 48-53.
9. David Hesmondhalgh, *The Cultural Industries*, (SAGE Publications Ltd, 2002).
10.David, Cravens, Piercy, *Strategic Marketing*, 8e, (McGraw-Hill, 2006).
11.Dennis McCallum, *The Death of Truth: What's Wrong With Multiculturalism, the Rejection of Reason and the New Postmodern Diversity*, (Bethany House,1996).
12.Derek F. Abell, *Defining the Business: The Starting Point of Strategic Planning* (Englewood Cliffs, NV: Prentice Hall, 1980).
13.Dillon, Madden, and Firtle, *Marketing Research in a Marketing Environment*, 48, Elizabeth MacDonald and Joanne S. Lublin, "In the Debris of a Failed

Merger: Trade Secrets," *The Wall Street Journal*, March 10, 1998, B1 and B10.

14.Edward F. McQuarrie and Shelby H. McIntyre, "Implementing the Marketing Concept through a Program of Customer Visits," in Rohit Deshpande (ed.), *Using Market Knowledge*, Thousand Oaks, CA: Sage, 2001, 163-190.

15.Eric Lesser, David Mundel and Charles Wiecha, "Managing Customer Knowledge," *Journal of Business Strategy*, November/December 2000, 35-37.

16.Francis J. Kelly, III, and Barry Silverstein, *The Breakaway Brand: How Great Brands Stand Out*, (McGraw-Hill, 2005).

17.Gary Loveman, "Diamonds in the Data Mine," *Harvard Business Review*, May 2003, 109-113.

18.George S. Day and Robin Wensley, "Assessing Advantage: A Framework for Diagnosing Competitive Superiority," *Journal of Marketing*, April 1998, 12-16.

19.George S. Day, "Learning about Markets," in Rohit Deshpande (ed.), *Using Market Knowledge* (Thousand Oaks, CA: Sage, 2001), 9-30.

20.George S. Day, "Strategic Market Analysis: A Contingency Perspective," Working Paper, University of Toronto, July 1979.

21.George S. Day, *Strategic Marketing Planning: The Pursuit of Competitive Advantage* (St. Paul, MN: West Publishing, 1984), 72

22.Gregory A. Patterson, "Different Strokes: Target 'Micromarkets' Its Way to Success; No Two Stores Are Alike," *The Wall Street Journal*, May 31, 1995, A1 and A9.

23.Hartley, R.F., *Management Mistakes and Successes*, 7e. (John Wiley & Sons,

2003).

24.John D. C. Little and Michael Cassettari, *Decision Support Systems for Marketing Managers*, New York: AMA, 1984, 7.

25.Kate Rankine, "Marks Ignored Shoppers Fall in Faith," *Daily Telegraph*, October 30, 2000, 21.

26.Kathleen M. Sutcliffe and Klaus Weber, "The High Cost of Accurate Knowledge," *Harvard Business Review*, May 2003, 74-82.

27.Kenneth C. Laudon and Jane Price Laudon, *Management Information Systems* (New York: Macmillan, 1988), 235.

28.Marc Gobe, *Brandjam: Humanizing Brands through Emotional Design*, (St Martins Pr, 2006).

29.Michael Miron, John Cecil, Kevin Bradicich, and Gene Hall, "The Myths and Realities of Competitive Advantage," *DATAMATION*, October 1, 1988, 76.

30.Michael Skapinker, "How to Bow Out without Egg on Your Face," *Financial Times*, March 8, 2000, 21

31.Mike Featherstone, *Consumer Culture and Postmodernism*, 2e, (SAGE Publications Ltd, 2005).

32.Millman, Debbie, and Heller, Steven, *How to Think Like a Great Graphic Designer*, (St Martins Pr, 2007).

33.Nigel F. Piercy and Nikala Lane, "Marketing Implementation: Building and Sustaining a Real Market Understanding," *Journal of Marketing Practice: Applied Marketing Science* 2, no. 3, 1996, 15-28.

34.Pat Long, "Turning Intelligence into Smart Marketing," *Marketing News*, March 27, 1995.

35.Patricia B. Seybould, "Get inside the Lives of Your Customers," *Harvard Business Review*, May 2001, 81-89.

36.Peter Drucker, *Peter Drucker on the Profession of Management* (Boston, MA.: Harvard Business School Press, 1998).

37.Peter Grant and Almar Latour, "Circuit Breaker," *The Wall Street Journal*, October 9, 2003, A1 and A9, "Net Phones StartRinging Up Customers," *BusinessWeek*, December 29, 2003, 45-46; Ken Brown and Almar Latour, "Phone Industry Faces Upheaval As Ways of Calling Change Fast," *The Wall Street Journal*, August 25, 2004, A1 and A8.

38.Philip B. Evans and Thomas S. Wurster, "Strategy and the New Economics of Information," *Harvard Business Review*, September-October 1997, 70-82. See also Philip Evans and Thomas S. Wurster, *Blown to Bits: How the New Economics of Information Transforms Strategy* (Boston, MA.: Harvard Business School Press, 2000).

39.Rajendra K. Srivastava, Mark I. Alpert, and Allan D. Shocker, "A Customer-Oriented Approach for Determining Market Structures," *Journal of Marketing*, Spring 1984, 32.

40.Richard Appignanesi and Chris Garratt, *Introducing Postmodernism*, 3e, (Naxos Audiobooks, 2005).

41.Robert J. Barbera, *The Cost of Capitalism: Understanding Market Mayhem and Stabilizing Our Economic Future*, (McGraw-Hill, 2009).

42.Rohit Deshpande, "From Market Research Use to Market Knowledge Management," in Rohit Deshpande (ed.), *Using Market Knowledge*, Thousand Oaks, CA.: Sage, 2001, 1-8.

43.Stanley F. Slater and John C. Narver, "Market Orientation and the Learning Organization," *Journal of Marketing*, July 1995, 63-74 at 71. Reprinted with permission of the American Marketing Association.

44.Stanley F. Slater and John C. Narver, "Market Orientation Customer Value, and Superior Performance," *Business Horizons*, March/April 1994, 22-27.

45.Storey, John, *Cultural Consumption and Everyday Life*, (London: Arnold, 1999).

46.Thomas A. Stewart, "Getting Real about Brainpower," *Fortune*, November 27, 1995.

47.Thomas A. Stewart, "Is This Job Really Necessary?" *Fortune*, January 12, 1998, 154-155.

48.Vanessa Houlder, "Xerox Makes Copies," *Financial Times*, July 14, 1997, 10.

49.Vogel, *Entertainment Industry Economics: A guide for financial analysis*, 6e, (Cambridge University Press, 2007).

50.William M. Bulkeley, "Prescriptions, Toll-Free Numbers Yield a Gold Mine for Marketers," *The Wall Street Journal*, April 17, 1998, B1 and B3.

51.William R. Dillon, Thomas J. Madden, and Neil H. Firtle, *Marketing Research in a Marketing Environment*, 3rd ed. (Burr Ridge, IL: Richard D. Irwin, 1994), 737

52.Zygmunt Bauman, *Work, Consumerism and the New Poor*, (McGraw-Hill, 2005).

第四章
破碎操弄

儘管現代行銷透過群集分析，區隔市場並切割成爲許多互斥團體，團體中具有相對類似的輪廓，藉此達到促銷戰術和溝通傳遞效率。然而，後現代強調區隔只是斷裂和破碎的漸進過程，後現代罩極縱深的科技發展，足以將個體的時間和空間路徑全面編碼，透過地理資訊系統徹底瓦解分類，並爲總體社會生活建立新的秩序。質言之，沒有任何的個體得以逃脫上述分類。事實上，後現代行銷早已將消費行爲資料從現代產品關係，延伸並滲透至深層的私生活領域，消費個體爲了交換客製化願景，反而遭到全面監禁。本章將探討後現代行銷的碎化策略，並就上述策略提出質疑，最後，討論碎化之後的選擇和宣告策略。

4.1
碎化的策略

市場碎化利於了解需求和欲求，破碎導向利於滿足碎

片的專屬需求。易言之，市場的破碎反映出需求和偏好的差異，市場碎化利於發現和回應上述差異，例如，法國連鎖飯店FORMULA 1，提供一星級的收費，但是服務卻是二星級；ATALAS航運提供省油和超量的全球貨運服務；NIKE運動鞋款式超過三百種。質言之，市場碎化可以一對一直逼消費個體，透過超越客製化的方式滿足碎片需求，其中，網路資訊及關係管理系統扮演重要角色。例如，LEVI'S紐約旗鑑店電腦系統提供客戶一對一的推薦建議。相對上，傳統門市透過提供衆多款式的經營模式成本過高，LEVI'S透過一對一的碎化策略，從消費選購到配銷門市，極大化供需效率和效益，採取類似量身訂做（made to measure）碎化策略的成功企業，包括AMAZON、FACEBOOK、STARBUCKS。

總的來說，市場碎化（fragment）策略是破碎導向的關鍵，利於掌握多元的碎片價值，發現和滿足碎片價值的獨特能力，有效達成後續選擇和宣告策略。市場碎化是以多向度構面解構市場成爲碎片的流程，碎片可以是現代行銷的利基（niche），甚至是一對一的消費個體。一般而言，消費數量、頻率、忠誠、回應是經常被採用的碎化指標，藉此可以發現被忽略和未被滿足的需求。例如，FORMULA 1連鎖飯

店利用多向度空間構面，重新解構和重組市場價格和服務，搭配推出一星級價格（低檔）和二星級服務（舒適），瓦解了市場對於一星級和二星級的既定分類，並且大幅提高消費頻率（挑起潛在需求）。細而言之，多向度構面的市場碎化可以重新解構機會，如同飯店案例，既定市場可能基於低價而選擇一星級，不過，一星級的清潔、安靜和舒適環境都不如二星級。然而，FORMULA 1提供優於二星級的環境，但是價格等於一星級，上述策略除了瓦解既有市場分類，提高既定市場占有率，同時還提高消費頻率開拓嶄新市場，詳如圖4.1，包括價格、服務和頻率三維空間，同樣地，如果納入時間於是成了四維空時。另外，ATALAS重新解構全球航運市場需求，提供省油、超量和專屬的全球航運服務，滿足荷蘭航空從阿姆斯特丹運輸花卉到新加坡；接受中國航空委託從中國輸運魚貨、牲口和馬匹到歐洲。總的來說，後現代行銷的碎化策略強調解構既定框架，創新納入更多不同的向度構面分析市場，多向度強調辯證性和非化約。細而言之，如果現代行銷是變數或市場的因素化（factorize）、聯合化（conjointing）、群集化（clusterize）；相反地，後現代行銷強調去因素化（defactorize）、去聯合化（disconjointing）、反群集化（declusterize）。現代行銷

將許多變數整合以利分析，後現代行銷強調直面多變數和多向度以利解構。同樣地，現代行銷強調化約市場成為少數群集，後現代行銷則是擁抱和直面市場是碎片的事實。

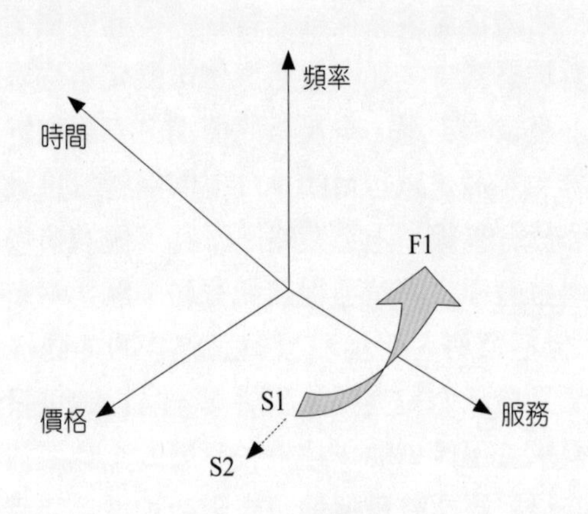

圖 4.1　碎化策略

同前說明，市場碎化涉及競爭層次和產品定義，例如，一般型（generic level）是滿足市場需求的所有產品，例如，美容健康照護；產品型（product type）是不同價格、品質和特性的產品，例如，刮鬍刀；差異型（product variant）是滿足特定碎片需求的產品，例如，電動刮鬍刀。

市場碎化的重點在於評價不同碎片需求的類型和變化，特別是變化快速的市場疆域和定義，易言之，市場碎化和選擇必須經常重新評價。總的來說，市場碎化首先由定義市場內涵開始，其次則是決定選擇何種變數、構面和方法，碎化變數或構面可以是單一或多元，包括消費特質，類似於地理和人口統計及心理變數，例如，都市或郊區、生活型態和人格自我；消費情境，例如，居家或外出；消費內容，例如，規模和頻率；消費需求和偏好，例如，實用、象徵或情感。細而言之，地理變數經常用來分析市場區位差異，例如，FORD汽車占有美國中西部各州市場；相反地，CHEVROLET汽車則是主導南方市場。人口統計變數則是用來描述而非識別碎片市場，人口統計變數經常包括年齡、所得、教育和職業，如果進一步結合消費行爲利於市場碎化、選擇和宣告等策略的設計。至於心理變數如生活型態，則是用來標識人們的活動、興趣、認知和行爲，生活型態通常更能深入描繪市場。另外，消費特質除了個人型也包括組織型市場，因此，碎化變數可以包括產業規模、發展階段和價值鏈結構。無論如何，組織型市場碎化利於掌握市場集中度和客製化程度，前者代表採購規模和相對購買力，後者代表多元化和破碎化需求，例如，BOEING提供全球航空公司多元和破碎的採購

需求，亦即提供七四七客機多元客製化的採購選擇，包括機身內壁和貨艙規格等，連帶影響的裝配零件高達三千多項。儘管如此，BOEING因此滿足了碎片市場專屬和客製的需求。不過，碎化策略必須權衡成本和價值之間的取捨。

其次，消費情境也是重要變數，例如，NIKON推出適於各種光線環境的高效能鏡片，包括滑雪、駕駛、步行、飛行、打獵和水上活動，NIKON爲了搶進高價位碎片市場，價格甚至高於領導品牌RAY-BON。不同的消費情境也會改變需求和偏好，例如，ASTRA/MERCK依據醫生需求和病人用藥，將處方藥市場碎化爲健康照護型（強調經濟效率）、疾病治療型（關心疾病治療）、成本敏感型（聚焦用藥成本）、創新理想型（掌握先進療法）。據此，ASTRA/MERCK提供創新理想型市場先進臨床研究；提供成本敏感型市場治療成本資訊。LUTRON客製化光線調節器也是成功案例，例如，LUTRON擁有八成調光技術專利，掌握七成五市場占有率，碎化市場之後的產品目錄和顏色數以千計。另外，消費內容如規模和頻率，經常配合消費情境和涉入程度加以應用，例如，區分解決的消費問題是屬於延伸性（高涉入）、有限性或例行性（低涉入）。不過，消費涉入程度會因人而異，例如，有人經常採取高涉入消費，但是其

他人則未必如此。

需求和偏好包括忠誠、利益和交易傾向也非常重要，例如，CREDIT LYONNAISE法國銀行鎖定年薪百萬法朗的碎片市場，BORDEAUX分行特設典雅CLUB TOURNEY沙龍提供上述碎片專屬的理財顧問服務。質言之，需求和偏好催化消費，如同古典理論揭示不同的需求層級，包括生理、安全、社會和自我實現，掌握需求本質和強度差異非常有利。另外，態度和認知也會影響消費，態度是持續性的評價系統，反應對於特定事物的整體喜好，態度源自於個人經驗、與他者互動或行銷刺激，亦即行銷策略可以回應或改變既有態度。一般而言，如果外在的環境不變，態度通常能被識別、衡量和比較。易言之，如果可以發現影響消費的重要態度，行銷可以據此回應和改善宣告策略。無論如何，儘管態度改變不易，不過，如果市場對於形象認知錯誤，應該立即調整宣告和溝通策略。至於認知則是由個人選擇、組織和解釋外在資訊，創造具有意涵的內在流程。易言之，認知是如何選擇、組織和解釋外在刺激，包括廣告、價格和促銷等。事實上，認知源自於態度和資訊選擇過程，選擇性認知意指某些訊息無法被閱聽者接受，原因包括內容龐雜、溝通被誤解或不被了解。如果採取直接溝通應該直指需求並且引導做

出決策，不過，逼視的溝通技巧經常潛藏著許多障礙，例如，單向躁急溝通經常讓人誤解或拒絕理解，隱含讓人反覆思索和推敲潛在風險。無論如何，後現代破碎市場經常透出殊異認知，試圖掌握、界定和排除認知疑慮，本身可能存在極大疑慮。

最後，倘若將碎化變數提升至市場層次，市場生命週期扮演重要角色，包括新興、分裂、轉型和衰退。新興代表建立或重新建立新的市場，通常基於技術創新、需求發生變化或未被滿足的階段，例如，數位相機市場。分裂則是市場由許多小型組織構成並無特定組織獨占的階段，例如，家庭照護市場。轉型通常是市場處於成長轉向成熟的階段，例如，微波爐市場。衰退則是市場處於非短期衰退的階段，例如，傳統相機軟片市場。上述四種市場並非互斥而且會隨著環境改變，亦即，特定產品在特定市場處於成長，但在其他市場則處於成熟或衰退。無論如何，不同的生命週期突顯不同的市場競爭。另外，隨著後現代產品生命週期愈形縮短，單一產業可能跨涉多元市場，相同市場也可能由不同產業競逐，因此，充分掌握市場的不同生命階段特質，包括需求多樣性和不確定利於碎化策略執行。例如，新興市場代表高度不確定性，包括市場接受度、規模、流程、技術、成本和競爭結

構。由於市場不具有任何消費經驗，儘管需求差異和多元但卻難以掌握，因此，導致碎化策略非常困難。事實上，新興市場可以是全新或既定，前者指涉新的需求，例如，AIDS新藥；後者指涉新的選擇，例如，數位相機。質言之，新興市場利於小型組織進入，相較之下，成熟市場經常由大型組織掌控，並且建立高度市場進入障礙。總的來說，掌握創新專利在新興市場可以達到嚇阻作用，亦即，新興市場強調獨特價值而非較低價格，不過，成本優勢創新仍是重要的競爭策略，例如，效率低廉的傳真機取代了隔日遞件服務。同樣地，網路電子郵件也顛覆取代了傳真機。無論如何，儘管新興市場存在許多不確定性，不過，彈性的策略始終優於不變的策略。至於分裂市場代表不確定性逐漸降低，擁有相似需求的碎片愈趨明顯，市場需求持續成長仍是重要特點，包括消費類型和特質、人口統計如年齡、所得和家庭規模都是重要變數。儘管這個階段的市場呈現極度分裂和激烈競爭，卻也隱含著穩定成長、潛在獲利和先占機會。不過，小型新進者經常無法克服關鍵技術及資源限制，例如，美國光纖網路有線電視市場最初吸引了一千五百家競爭者，最後也導致了市場的超額供給和競爭重整。同前說明，儘管小型組織的機動創新利於先占新興市場，不過，大型組織具有技術和資源

優勢，可以克服錯失先占的劣勢。分裂市場揭示組織存活能力經常取決於二項特質：一是積極進入多元市場始終優於死守既定市場；二是積極創新始終優於保守專業。至於轉型市場，意指需求成熟和成長趨緩，儘管碎化策略仍然可行，但需面對可能的衰退，除非再次透過創新延續。另外，轉型也指涉獲利潛力逐漸降低，面對經常和成熟的需求，活化既定宣告策略非常重要。總體而言，市場競爭愈趨成熟，服務和成本愈形重要，轉型和創新的壓力也愈加提升。因此，面對後分裂的成熟市場，通常由少數組織主導並且建立市場障礙，而由多數追隨型組織採取差異化策略，併購策略也是少數主導型組織經常採取的作法。無論如何，一旦市場進入轉型階段，除了降低成本、選擇碎片和差異策略之外，如果績效始終不佳，必須認真考慮退出市場。

4.2 碎化的質疑

如同後現代的核心態度，市場碎化也需要加以持續質疑，可行的批判構面包括，回應差異性，代表不同碎片市

場的回應是否存在差異？例如，基於所得變數碎化市場成爲許多碎片，倘若任何碎片與其他碎片回應相同，例如，購買數量或消費頻率，代表市場碎化策略失靈。易言之，不同的碎片代表不同的回應。不過，擁有足夠所得的碎片市場才是關鍵，例如，NEW DELHI智庫碎化印度市場之後發現，家庭年所得超過百萬盧布（約三萬美元），大約是印度平均所得的三倍，其購買力等於美國家庭水準，加上印度家庭每月房租支出極低，大約只要一百美元。因此，全球知名品牌如BENZ、CARTIER和CHRISTIAN DIOR，紛紛鎖定上述碎片市場。印度類似的家庭大約有六十萬戶，其中二十萬戶住在BOMBAY。因此，BMW與印度HERO汽車合資生產頂級房車滿足上述市場。可以識別性，代表不同碎片市場的回應差異是否可以被識別？同前討論，美國運通卡可以透過誘因策略，搜尋具有潛力但不常用卡的碎片市場。可以行動性，代表任何碎片市場是否可以被選擇和接近？例如，透過有線電視、雜誌、廣播媒體接近特定碎片市場，或是透過網路或行動商務設備進行一對一直接接觸。成本收益性，代表碎化策略衍生的成本收益是否具有吸引力？亦即，任何碎片市場必須具備有利的收益水準，例如，八○年代，英國ICI肥料採取創新的碎化策略解決經營困境，碎化市場之後發現，價

格不是市場選購肥料的重點，創新技術、門市和品牌忠誠才是重要關鍵，該公司於是重建品牌形象滿足市場需求。時間穩定性，代表碎化策略是否具有時間穩定性？例如，如果市場需求變化太快，包括在特定時間之後，相似的碎片市場出現不同的回應，或是無法正確的判斷識別。

除了對於碎化變數的質疑之外，還包括對於碎化策略的質疑，包括碎片市場規模應該多大？碎化策略存在何種邏輯和如何執行？碎化邏輯是否包括組織應該具備何種優勢和客製化能力？市場的客製化需求和欲求爲何？一般而言，客製化代表整合資訊、設計和製造等價值鏈的能力，某種程度而言，就是模組化和彈性化的能力。易言之，客製化代表滿足需求的多樣性、獨特性和專屬性，例如，LUTRON導入六十種程式、三十種調光系統和五千多種照明產品，碎片市場可以小至簡單房間大至整棟大樓，透過具有成本效益的客製化流程，提高效率利潤和建立競爭障礙。無論如何，碎化策略取決於大量客製化和差異搜尋二項重要觀點，前者強調同時滿足碎片需求和大量生產優勢，經常透過資訊科技輔助設計、製造及彈性供應系統達成目的。易言之，就是模組化和彈性化。後者強調提供碎片市場更多的價值選擇，包括低價和多元。最後，對於碎化策略強調的多樣化提出質疑，包

括市場需要何種程度的多樣化？市場關心的產品核心屬性爲何？需要何種改變？過度多樣化是否存在負面效應？過多選擇是否造成錯亂和挫敗？多樣化是否即代表優勢創新？多樣化需求應該納入何種流程？總的來說，透過持續質疑，解構既定，重組向度是後現代行銷碎化策略的基本態度。

4.3 客觀是主觀

市場碎化之後就是選擇（select）和宣告（announce），選擇意指評估和挑選碎片市場，極致的選擇策略可以直逼一對一的消費個體。相較於現代行銷將變數因素化和市場群集化，市場壓縮成爲二向度空間利於視覺判斷，然而，若將二向度轉換爲多向度構面，亦即，將變數去因素化和市場去群集化，直面後現代碎片市場更突顯出後現代行銷的選擇差異，如圖4.2多向度空間映射出現代鎖定異於後現代選擇。無論如何，選擇策略仍然明顯受到管理偏好的影響。至於選擇之後，則是揭示能夠滿足碎片需求的宣告組合，包括產品、通路、價格和促銷等。質言之，明確的選

擇利於後續的宣告，例如，PFIZER偏頭痛新藥RELPAX選擇年輕媽媽這個碎片市場，由於她們白天不看電視只聽廣播，晚上則是只上網或閱讀雜誌，因此，該公司不播任何的電視廣告。另外，美國運通卡分析消費行爲之後發現幾個碎片市場，包括定期繳交年費但是很少或未曾使用卡片，或是經常使用現金或其他銀行卡片者，後者代表具有消費能力但非既定客戶。因此，該公司推出半年之內經常刷卡者，可以獲得免費機票的自我篩選策略，藉此找出上述具有價値潛力的碎片市場，儘管上述碎化策略的成本高昂，不過，比吸引新卡用戶和維持舊卡客戶的成本還低。

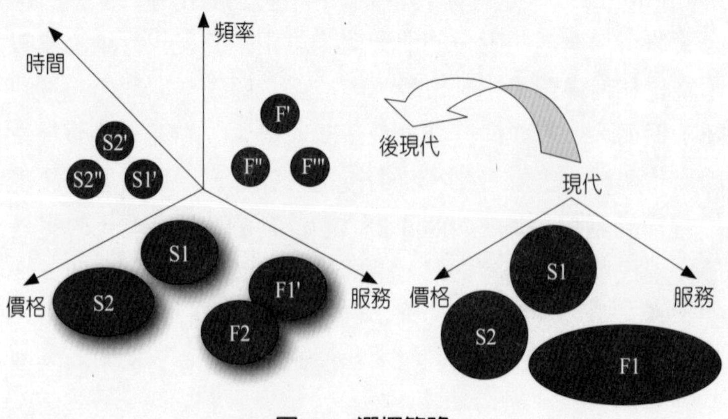

圖 4.2　選擇策略

總體而言，如同緒論揭示，由於移動否定了座標，後現代的搖擺不定，也否定了現代行銷的定位可能。易言之，一旦客觀定位就不再搖擺，一切的差別性、流動性、縹緲性也將消失，後現代意義的喪失，多樣化將再度被普遍化取代。因此，如果現代行銷定位是一種客觀策略，那麼，後現代的否定客觀就是一種錯誤。質言之，面對後現代的連續浮動變換，到頭來唯一的客觀，可能不是客觀的定位而是主觀的宣告。無論如何，宣告策略是對於選擇結果的回應，宣告是期望如何被碎片市場認知和傳達契合的價值。易言之，宣告策略透過各種宣告組合，提高碎片市場的認知和創造與競爭品牌的差異，例如，HYUNDAI汽車推出2001 XG 300豪華車系，該款汽車售價一萬美元，遠低於豐田AVALON和INFINITI I30兩款汽車，HYUNDAI並且提供十年的引擎保固，結果全美銷售量突破九萬輛，儘管最後市場評價「爛透了！」不過，它已嚴重地威脅美日歐等競爭品牌。細而言之，宣告策略強調傳遞與碎片市場一致的認知價值，包括功能性、象徵性、體驗性。功能性（functional）強調解決外生需求，例如，CREST牙膏（預防蛀牙）、COLOROX LIQUID清潔劑（有效去污）、ABC銀行支票（方便服務）。象徵性（symbolic）強調解決內生需求，例

如，ROLEX手錶（自我提升）和HERMES（角色定位）。體驗性（experiential）則是強調愉快、刺激和多元，例如，BMW汽車（獨特駕駛經驗）。總的來說，魅惑的宣告策略可以緊密地連結碎片市場，特別是充滿想像的新產品宣告。不過，早年APPLE推出牛頓PDA，則是採取了一系列錯誤的宣告策略，例如，廣告策略是一系列的提問，包括牛頓是什麼？牛頓是什麼產品？牛頓如何買得到？結果搞得市場一頭霧水，最後，市場反宣告「真他媽的抽象」（Pretty Damned Abstract, PDA）。相反地，近年APPLE推出IPOD進軍數位音樂市場，該公司宣告它是聆聽音樂最純粹的一種娛樂模式，結果全球市場狂銷一億台，IPOD營收甚至遠遠超越早年APPLE的代表作MAC。

宣告策略必須整合各種宣告組合，並且在各種組合成本和預期績效中有效取捨。質言之，宣告策略直指後現代行銷核心，它決定了在何種碎片市場揭露？如何揭露？宣告後的價值鏈、價格、廣告、促銷為何？細而言之，宣告策略包含了各種溝通，包括產品、品牌、通路、廣告和活動，無論如何，提出一套難以複製的宣告策略是決勝重點，特別是必須隨著環境變化更新調整。總的來說，錯誤的宣告策略可能導致嚴重的後果，例如，低度宣告（under-announce）

導致市場無法認知品牌的獨特意涵，例如，百事可樂推出CRYSTAL PEPSI透明色可樂失敗，因爲消費者在意口味而非顏色；過度宣告（over-announce）導致市場認知的品牌意涵過度誇大，例如，MONT BLANC鋼筆宣告高價但卻能在超市輕易購得。混淆宣告（confused-announce）多變和矛盾的宣告導致市場認知的混淆，例如，PIERRE CARDIN時尚品牌不斷衍生的產品組合，甚至包括水壺、壁紙和保險套；疑慮宣告（doubtful-announce）導致市場懷疑品牌訴求的可信程度，例如，MARLBORO推出女性訴求的濾嘴香菸，銷售不佳最後轉向男性訴求。無論如何，宣告經常代表聚焦於特定的碎片市場，一旦決定選擇同時滿足多元的碎片市場，宣告於是成爲重要的挑戰，例如，如何針對不同的碎片市場，推出不同的宣告策略，包括透過不同的品牌滿足不同的碎片，如同GAP推出GAP、BANANA REPUBLIC和OLD NAVY等品牌滿足不同的碎片市場。無論如何，宣告策略必須隨時評估可行性、自我和競爭者訴求、以及碎片市場的可能反應。

4.4 結論

後現代市場需求偏好極度破碎，市場碎化成爲競爭優勢關鍵。碎片市場不僅提供獨具優勢的小型組織獲利機會，它同樣也利於大型組織以大量客製化建立門檻。儘管如此，市場碎化取決於回應差異和成本利益，特別是市場成熟度、多樣化和競爭性，都會顯著地影響碎片市場能否明確定義。無論如何，碎片市場需要識別、描述、分析和評價，據此利於後續的市場選擇和宣告策略。另外，市場生命週期同樣扮演重要角色，例如，新興市場代表需求多元和高度不確定性；分裂市場代表需求不確定性遞減，不過也同時突顯競爭程度更爲激烈。轉型市場則是指涉獲利潛力逐漸降低，還包括市場需求成熟和面臨不連續移轉。最後，面對碎化之後的市場，選擇策略可以是多樣化或差異化，也可以是單一化或專門化。宣告策略是期望如何被市場認知，宣告價值可以基於功能、體驗或象徵。宣告策略需要整合產品、價值鏈、價格和促銷等活動直面碎片市場，並且考慮包括組織能力是否契合碎片市場價值？宣告組合如何有效的資源配置？宣告策略如何即時回應市場變遷？無論如何，本章揭示面對後現代市

場的破碎瓦解，現代行銷的邏輯雖仍可行，但也令人質疑，例如，現代區隔只是後現代斷裂的一種漸進，後現代是極度的破碎。然而，破碎不是稀釋，而是可能性的豐富。因此，現代行銷的區隔應由多向度的碎化取代；同樣地，後現代的搖擺不定，也反映出現代的單向鎖定和客觀定位只是錯覺，雙向選擇和主觀宣告或較接近事實。質言之，如碎片般的消費個體，同時是後現代行銷的客體和主體，即便後現代行銷也無法藉由對於個體詳細時空路徑和特徵的累積，眞正了解碎片和完全掌握，亦即碎片不是溫馴沉默，而是持續參與、涉入和論述，後現代行銷只是對於碎片生活再現的任意拼貼。因此，同樣地反身以後現代的質疑，後現代行銷的客觀可能也是一種主觀。

延伸閱讀

1. A. Parasuraman, Valarie A. Zeithaml, and Leonard L. Berry, "A Conceptual Model of Service Quality and Its Implications for Future Research," *Journal of Marketing*, Fall 1985, 41-50.
2. Ali Kara and Erdener Kaynak, "Markets of a Single Customer: Exploiting Conceptual Developments in Market Segmentation," *European Journal of Marketing* , no.11/12, 1997, 873-895.
3. Allanna Sullivan, "Mobil Bets Drivers Pick Cappuccino over Low Prices,"

The Wall Street Journal, January 30, 1995, B1 and B4.

4. Anthony Bianco, "The Vanishing Mass Market," *BusinessWeek*, July 12, 2004, 63.
5. Barbara E. Kahn, "Dynamic Relationships with Customers: High-Variety Strategies," *Journal of the Academy of Marketing Science*, Winter 1998, 45-53.
6. Bernard Berelson and Gary A. Steiner, *Human Behavior: An Inventory of Scientific Findings* (New York: Harcourt Brace Jovanovich, 1964), 88.
7. Bocock, Robert, *Consumption*, (London: Routledge, 1993).
8. Business Week, *Marketing Power Plays: How the Wolrd's Most Ingenious Marketers Reach the Top of Their Game*, (McGraw-Hill, 2006).
9. C. Whan Park, Bernard J. Jaworski, and Deborah J. Macinnis, "Strategic Brand Concept-Image Management," *Journal of Marketing*, October 1986, 135-145.
10. C.K. Prahalad, and M.S. Krishnan, *The New Age of Innovation: Driving Cocreated Value Through Global Networks*, (McGraw-Hill, 2008).
11. Christopher Field, "Loyalty Cards Are Unlikely to Carry All the Answers," *Financial Times*, May 3, 2000, IV; Marian Edwards, "Your Wish Is on My Database," *Financial Times*, February 28, 2000, 20.
12. Clayton M. Christensen and Michael E. Raynor, *The Innovator's Solution* (Boston: Harvard Business School Press, 2003), Chapter 1.
13. Daniel S. Levine, "Justice Served," *Sales & Marketing Management*, May 1995, 53-61.
14. David Hesmondhalgh, *The Cultural Industries*, (SAGE Publications Ltd,

2002).

15.David, Cravens, Piercy, *Strategic Marketing*, 8e, (McGraw-Hill, 2006).

16.Dennis McCallum, *The Death of Truth: What's Wrong With Multiculturalism, the Rejection of Reason and the New Postmodern Diversity*, (Bethany House, 1996).

17.Elaine Romanelli, "New Venture Strategies in the Minicomputer Industry," *California Management Review*, Fall 1987, 161.

18.Eric N. Berkowitz, Roger A. Kerin, Steven W. Hartley, and William Rudelius, *Marketing*, 5th ed. (Chicago: Richard D. Irwin, 1997), 155-156.

19.Francis J. Kelly, III, and Barry Silverstein, *The Breakaway Brand: How Great Brands Stand Out*, (McGraw-Hill, 2005).

20.George S. Day, *Market Driven Strategy* (New York: The Free Press), 1990, 101-104.

21.Hartley, R.F., *Management Mistakes and Successes*, 7e, (John Wiley & Sons, 2003).

22.Helyar, "The Only Company Wal-Mart Fears," Fortane, November 2, 2003, 158-166: Ratings and Reports, The Valne Line Investment Sarvery, November 12, 2004, 1677.

23.Henry Assael, *Consumer Behavior and Marketing Action*, 2nd ed. (Boston: PWS-Kent Publishing, 1984), 225.

24.James Samuelson, "Flying High," *Forbes*, August 2, 1996, 84-85.

25.Jay L. Laughlin and Charles R. Taylor, "An Approach to Industrial Market Segmentation," *Industrial Marketing Management* 20 (1991), 127-136.

26.Kahn, "Dynamic Relationships"; Joseph B. Pine II, *Mass Customization: The*

New Frontier in Business Competition (Boston: Harvard Business School Press, 1993).

27.Leonard L. Berry, "Relationship Marketing of Services－Growing Interest, Emerging Perspectives," *Journal of the Academy of Marketing Science*, Fall 1995, 238-240.

28.Louise O'Brien and Charles Jones, "Do Rewards Really Create Loyalty?" *Harvard Business Review*, May-June 1995, 78.

29.Marc Gobe, *Brandjam: Humanizing Brands Through Emotional Design*, (St Martins Pr, 2006).

30.Mary Lambkin and George S. Day, "Evolutionary Processes in Competitive Markets: Beyond the Product Life Cycle," *Journal of Marketing*, July 1989, 4.

31.Michael E. Porter, "What Is Strategy?" *Harvard Business Review*, November-December 1996, 66.

32.Michael Malone, "Pennsylvania Guys Mass Customize," *Forbes ASAP*, April 10, 1995, 82-85.

33.Mike Featherstone, *Consumer Culture and Postmodernism*, 2e, (SAGE Publications Ltd, 2005).

34.Millman, Debbie, and Heller, Steven, *How to Think Like a Great Graphic Designer*, (St Martins Pr, 2007).

35.Miriam Jordan, "In India, Luxury Is within Reach of Many," *The Wall Street Journal*, October 17, 1995, A15.

36.Nancy Rotenier, "Antistatus Backpacks, $450 a Copy," *Forbes*, June 19, 1995, 118-120.

37.Nicholas Bray, "Credit Lyonnaise Targets Wealthy Clients," *The Wall Street*

Journal, July 24, 1994.

38.Nigel F. Piercy and Neil A. Morgan, "Strategic and Operational Segmentation," *Journal of Strategic Marketing* 1, no. 2, 1993, 123-140.

39.Nikki Tait, "Mixed Emotions as Olds Guard Bows Out," *Financial Times*, December 20, 2000, 27.

40.Noel Capon and James M. Hulbert, *Marketing Management in the 21st Century* (Upper Saddle River, NJ: Prentice-Hall, 2001), 185-186.

41.Peter R. Dickson and James L. Ginter, "Market Segmentation, Product Differentiation, and Marketing Strategy," *Journal of Marketing*, April 1987, 1-10.

42.Philip R. Cateora and John L. Graham, *International Marketing*, 12th ed. (New York: McGraw-Hill/Irwin, 2005), 22-23.

43.Ravi S. Achrol, "Evolution of the Marketing Organization: New Forms for Turbulent Environments," *Journal of Marketing*, October 1991, 82-83.

44.Richard Appignanesi, and Chris Garratt, *Introducing Postmodernism*, 3e, (Naxos Audiobooks, 2005).

45.Robert B. Woodruff, Ernest R. Cadotte, and Roger L. Jenkins, "Modeling Consumet Satisfaction Processes Using Experienced-Based Norms," *Journal of Marketing Research*, August 1983, 296-304.

46.Robert J. Barbera, *The Cost of Capitalism: Understanding Market Mayhem and Stabilizing Our Economic Future*, (McGraw-Hill, 2009).

47.Ronald Henkoff, "Boeing's Big Problem," *Fortune*, January 12, 1998, 96-99, 102-103.

48.Storey, John, *Cultural Consumption and Everyday Life*, (London: Arnold,

1999).

49. V. Kasturi Ranga, Rowland T. Moriarity, and Gordon S. Swartz, "Segmenting Customers in Mature Industrial Markets," *Journal of Marketing*, October 1992, 72-82.
50. Vogel, *Entertainment Industry Economics: A guide for financial analysis*, 6e, (Cambridge University Press, 2007).
51. W. Chan Kim and Renee Mauborgne, "Finding Rooms for Manoeuvre," *Financial Times*, May 27, 1999.
52. Zygmunt Bauman, *Work, Consumerism and the New Poor*, (McGraw-Hill, 2005).

第三篇

失序的有序

第五章
擬眞幻覺

面對多元、複雜、破碎的後現代市場，創新是直指市場價值的重要策略，創新不只是推出新的產品，還包括新的理念、流程、模型、感動，甚至是擬眞幻覺。後現代是一個擬眞的世界，擬眞並非眞實，亦非不眞，但是往往比眞實表現出更大的眞實價值。本章將探討後現代需求是一種想像的缺口，一種超眞實的幻覺，面對這擬眞的幻覺，後現代行銷如何操弄、延伸和發揮槓桿效用？

5.1 想像的缺口

現代社會最大的弔詭，貧窮不能化約成物質匱乏和身體苦痛，貧窮是一種社會狀態和心理意念，它代表著被排除於正常生活之外，達不到消費標準，導致自尊低落、羞恥、內疚。質言之，匱乏和失格總是被投射於產品之上，貧窮的排除和壓抑的舒解，總能在產品中獲得解藥，甚且爲了進一步

追求和滿足社會意義的差異欲求，後現代消費徹底墜入「欲知自己是誰，必先知道自己不是誰！」的輪迴，追求和滿足是一道永遠無解的命題。事實上，現代市場早已揭示產品具有使用價值和交換價值，只是在後現代市場，交換和符號價值已經逐漸淹沒最初的使用價值。易言之，後現代產品作爲符號的重要性更勝於實際的使用性，亦即，後現代產品本質上未必是有用的東西。

質言之，後現代突顯的最大特色，眞實轉化爲意象，眞實被意象取代，眞實的產品成爲擬眞（simulations）的意象，意象是系列的符號，符號和產品交融，眞實和意象的界線瓦解，不斷流動的符號，不斷超載的感知，符號的意象和象徵的產品，用來召喚夢想、欲望和幻想。因此，後現代的主體不是從存在，而是從擬眞的意象中衍生出來。另外，現代市場的需求動機，逃離眞實、減輕無聊、追逐快樂經常扮演重要的角色。然而，後現代揭示沒有所謂的快樂彼岸，只有當下的滿足，事後的無聊感很快就會侵入，欲求的理由一旦消失，欲求的對象便會失去魔性。儘管如此，後現代行銷宣告這不可能的快樂彼岸欲求仍能滿足，只是它也同時證明了激起這欲求的速度，永遠快過於抒發欲求所需的時間，也快過於擁有之後感到無聊和厭煩的時間。總的來說，永遠

不會無聊，正是後現代行銷的最佳寫照，後現代不會給無聊留下餘地，後現代行銷正是要消除無聊，娛樂生活保證不無聊，短命的流行時尚就是最佳註腳，它甚至可以在傳統宗教失去效力的地方，讓人迷醉於神聖的出神狀態，將宗教倫理與儀式感動順理成章地結合起來。

無論是使用、象徵或符號價值，創新或改善都是滿足需求的重要手段，創新如果依據連續程度加以區分，轉型創新是提供全新價值，例如，CNN新聞頻道和數位相機；基礎創新是創造重要價值，例如，零可樂和紙尿布。逐步創新是提供更佳績效和認知價值，例如，新口味可樂。綜合比較，轉型創新處於不連續的一端，逐步創新則是趨近於連續的一端。至於改善則是延伸或改良當前而非全然創新，例如，WII遊戲機。無論如何，創新或改善都應扣緊價值需求，並且了解將會對市場產生何種效應？

細而言之，無論是何種價值創新，價值就是利益減去付出，滿意代表價值期望和實際體驗的正向缺口，缺口愈小，價值愈高。透過價值分析可以發現潛在市場需求，包括如何創新或改善產品或流程，例如，圖5.1指出價值期望和實際體驗的落差，重新聚焦於破碎導向和檢視全部流程，可以避免或縮小上述落差，並且發現潛在市場威脅和機會。例如，

USS發現該公司醫療產品無法滿足外科需求，於是透過與外科醫生拉近關係強化競爭優勢，該公司發現市場對於內視鏡檢查（laparoscopic）微視訊產品存在需求，於是針對膽囊移除和相關外科手術，透過創新或改善產品滿足上述需求。事實上，價值創新並非始終由市場需求所導引，例如，轉型創新可能是非市場需求導引的不連續創新。質言之，市場經常無法對於價值創新作出正確回應，例如，市場初期對於光纖、快遞、數位等需求誤判和抗拒。因此，宣告創新願景和承諾持續研發非常重要，例如，CORNING掌握光纖技術超過一個世代，不過，該公司卻宣告未來將朝向液晶技術發展，結果導致市場對於該公司願景產生錯亂。另外，透過創新維持優勢必須投入許多時間資源，並且必須承擔更大失敗風險。無論如何，傳統路徑不利於評價轉型和不連續創新，特別是當市場對於創新價值感到陌生和疏離，深刻地掌握目標碎片市場仍是成功關鍵。另外，儘管不連續創新的市場需求難以掌握，不過，許多漸進創新的評價方法，包括現金流量現值和市場擴散分析，也都逐漸適用於評價轉型和不連續創新。質言之，轉型和不連續創新具有顛覆市場的殺手潛力，例如，數位攝影和光碟百科都是不連續創新典範。儘管不連續創新可能無法立即被市場發現，不過，能否滿足未來

市場需求仍是成功關鍵。

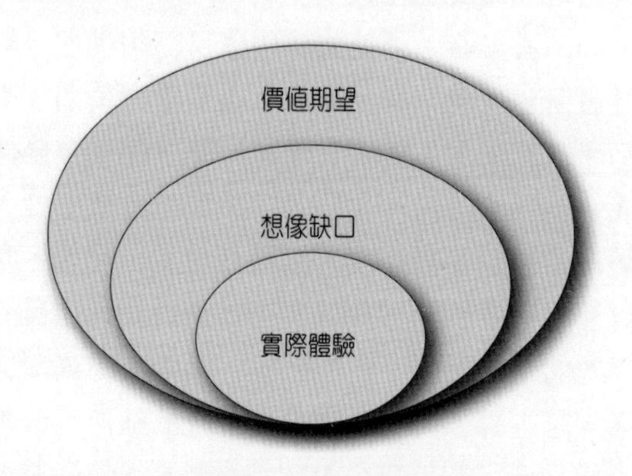

圖 5.1　想像缺口

價值創新未必是突破性技術，但是它必須是直指需求價值，3M便利貼就是成功典範，最初，純粹只爲了解決教會詩歌本無法註記的困境。有趣的是，該項創新原本就不是鎖定辦公用品市場，然而，市場分析發現其獨特價值，於是透過樣品分送試用，最後成爲辦公和家庭必備產品。質言之，創新文化、策略、流程是價值創新的重要因素，特別是開放溝通和高度涉入的創新文化，例如，INTEL鼓勵員工跳

脫晶片核心事業尋求創新，組織也配合調整結構發揮彈性。創新文化通常可以展現在組織使命、廣告、高階簡報和研究當中。至於創新策略，則是強調明確目標和溝通分享，目標不僅只是短期、連續和意圖策略，也要考慮長期、不連續和突現策略。總的來說，創新文化和策略並非充分條件，創新流程扮演更重要的角色，亦即，除了策略選擇和投入承諾，成功關鍵在於協調各種決策、活動和功能，例如，整合跨功能部門以縮短研發時間，關鍵流程是達成商業化目的。一般而言，不同的組織採取不同的流程，例如，由高階經理或矩陣型專案團隊主導，前者通常較適合產品延伸或改善，後者則是近來相當風行的策略，BOEING客機就是採取大型專案團隊，STANLEY螺絲則是應用小型專案團隊。無論如何，儘管例行性流程具有普遍性特質，不過，對於流程的隨時修正、持續發想、適切評價、效率導入非常重要。最後，任何價值創新的執行成本必須在可以接受的範圍。

相對於現代行銷聚焦於使用價值，後現代行銷更強調於符號和象徵價值，後現代擬眞的世界是一個資訊和符號泛濫的世界，人們生活於訊息網絡背後的模型之中，模型先於訊息，模型由一套擬眞、媒體、科技和消費所共同編寫的符號所掌控，回應後現代破碎的個體形象，人們結合任何的模型

於一身，排除過去的種族、階級、性別和外貌等區別。後現代擬眞的世界，人們不再是主體，反而淪爲文化、符號、語言爲主的客體，人們浸染其中而不自知，意即沒有所謂的內外，訊息只有內爆，模型之內到處存在的出口，但卻到處都沒有出口的存在。人們的生活經驗被模型框限，經驗就爲超眞實（hyper-real）。質言之，援引麥克魯漢（McLuhan）的內爆（implosion）概念，它是與身體延伸對立的意識延伸，前者是機械時代的特徵，後者則是資訊時代的特徵。相對於人的心理，內爆使得地理距離趨近，甚至消失，人們於是具有擁抱地球的能力。總的來說，後現代擬眞和實體之間的界限已經內爆，人們對於眞實性的確切經驗已告消失，擬眞不再是相似的指涉性存在（referential being）或物體，它是一個沒有來源或眞實性的眞實模型，一種超眞實，一種過剩。如同領土不再先於地圖存在，後現代的地圖先於領土，擬眞先行，產生領土的是地圖。直面後現代由符號宰制的世代，後現代的主體可能衍生自擬眞的客體，擬眞可以不必是對指涉性存在的模擬，它可以不再需要任何的實體，擬眞可以產生比眞實更眞實的想像。因此，爲了滿足上述想像的需求，後現代行銷的價值創新有必要從主體向客體翻轉，意即向文化、符號和語言翻轉。易言之，將人類自主權賦予客體

的符號，將主體轉換為不具創造性和行動性的客體，亦即，眞正的主體是符號。

5.2
擬真的路徑

相對於現代的全然完備，後現代展開的不過是同一批意義已死的符號和凍結的形式，不斷變換的新的排列組合，人們面對符號和形式的加速增殖，內在惰性過度成長，終至席捲自身達到崩潰。質言之，後現代的眞實不是被動地被接收，而是在主動的理解過程中構成，亦即，相同的感官素材構成不同的感覺，價值最重要的不是被動的意涵，是主動的誘發，價值交由人們主動混合既有素材以製造出新的感覺。易言之，後現代消費的編輯比蒐集重要，編輯把素材放在一起，混合製造新的事物。另外，擬眞的後現代符號並非固定，多年之後，它會包含一直隨意附加的意義，這個概念可以延伸至物體本身，儘管物體形式不會完全透露出意義，它只是持續的詮釋而已。總的來說，所有的事物和經驗終究只是人們想要賦予意義的接收者，意義可能改變以符合內心當

下的感覺，例如，汽車經常代表一種社會地位象徵，通常它是一種交通工具，甚且成爲誘惑情人的策略，相同的汽車卻有不同的意義。因此，現代相對於後現代的最大誤解在於，現代行銷試圖附加特定構想或設計意義，並由製造端和設計師主導，相反地，後現代行銷宣告交由破碎市場處理。總的來說，無論是現代的使用或後現代的象徵或符號，價值創新都需要有意願去採用非傳統戰術，包括追蹤從現代到後現代的品味演進，例如，INTEL甚至聘請人類學者和醫生加入價值創新發想。輪胎公司也可以從銷售輪胎，轉而銷售計費服務，例如，與車主訂約以使用哩程來計費，合約可以依輪胎類型和替換頻率、載重、路線、車主個別因素如駕駛習慣和品質等來訂價。

儘管如此，現代行銷的價值創新脈絡仍然適用於後現代的擬眞價值。例如，價值發想可以是改善和創新，前者如FRITO LAY無脂肪油洋芋片，後者如AIDS防治新藥。價值發想過程可能是主動、誘發和突現，發想來源除了組織內部之外，也包括外部市場、競爭者、投資者、併購對象和中間通路，例如，P&G製造流程中突現氣泡於是推出IVORY香皂。無論如何，價值發想必須評價是否契合組織、事業和策略目標？價值發想的範圍和積極程度？價值發想的最佳時

間和來源？如何從市場上搜尋價值創新來源？價值發想應該強調哪些責任？發想流程如何執行和協調？潛在競爭者和替代品的價值變遷？發想流程是否超出核心能力？事實上，價值發想並不純粹爲了立即推出產品，例如，微軟投入龐大經費研發數位科技，目的在於與公司使命、長期目標和策略契合。另外，許多接近出神狀態的價值發想可能改變未來，不過發想的態度愈開放，資源浪費和失敗的可能性也愈高。無論如何，主動掌握不連續創新非常重要。事實上，價值發想會受到下列因素影響，包括組織規模和類型、資源能力和管理偏好等，特別是基於破碎導向的創新文化和創新流程，亦即發想資訊應該廣泛納入網路、媒體、新聞和相關文本，從中瓦解和整合發現新的價值需求。另外，價值創新除了組織內部之外，與外部價值鏈夥伴合作也很重要，爲了避免員工跳槽導致創新外溢，簽署保密協定或旋轉門條款都是可行策略。最後，發想概念能否確切轉化？預期屬性能否具體陳述？能否比當前更能滿足市場？都是價值創新重要的評價準則。

另外，在價值創新的發想過程中，過多概念和過長流程都會提高成本，因此，效率篩選和評價非常重要，利於剔除無效和確認潛力概念。不過，降低誤判風險和掌握篩選時效

始終兩難，亦即，篩選流程愈短，誤判風險愈高。篩選評價之後就是事業化分析和商品化。細而言之，篩選強調概念與能力是否契合和能否商品化，前者聚焦於內部研發、生產、行銷和財務能力，後者關注於市場吸引、技術可行及社會環境影響。儘管效率的篩選非常重要，不過，經驗基礎的權重策略經常被採用，只是必須揭示接受或拒絕的區間。至於評價除了市場反應之外，還包括發想之前的市場和技術評價，即便是發想之後採取概念測試和改善也很可行，概念測試可以獲取市場的可能反應，並且利於比較各種概念的替代程度，儘管它不是導入市場的絕對標準，不過，卻是重要的評價流程。無論如何，評價可以採取一種以上的方法，藉此利於掌握資訊和重塑、定義和整合概念。緊接著，事業化分析強調商品化之後的效益，包括收入和支出預測，前者取決於市場嘗新、規模和競爭程度，後者取決於規劃流程和商品化成本。總的來說，價值發想愈趨成熟，成本也會快速增加。至於最後的利潤預測方法可以包括，損益平衡、現金流量、投資報酬和利潤貢獻等。一般而言，損益平衡利於分析事業化的獲利臨界，不過，同樣必須揭示接受或拒絕的區間。無論如何，事業化分析不只是財務評價，還應該包括對於當前市場的排擠，特別是事業化分析之後，必須面對是執行或放

棄的取捨決定。事實上，在價值發想的過程中，經常會轉化出單一或多種原型，不過，原型目標通常不在於進入生產而在於研發，亦即一旦宣告進入生產，設計和製造流程及獨立或委外都要考慮。至於不同產品類型的關注重點經常不同，例如，客機比金融服務更強調於產品使用和預期價值。SURGICAL內視鏡儀器則聚焦於詳述規格，包括儀器特性（操作容易程度）、材質類型（契合生理條件）、清潔要求（醫療衛生保養），亦即規格說明愈完整，愈能達成設計需求。不過，在利潤和成本考慮之下，規格偶爾可能被迫改變。無論如何，原型設計由於尚未商品化，配件包裝可能異於最終產品，因此，若能詳述規格和預期價值，兩者的落差可以更爲縮減，原型測試也更能達到預期效應。最後，商品化必須考量品質和獲利，成本和產能因素都會導致無法進入量產，量產延遲最後可能導致商品化失敗。無論如何，面對後現代破碎市場，大量客製化（mass customization）和模組化（modularity）策略顯著地影響產品設計，前者利於降低客製化成本，後者利於提高客製化量產能力。不過，近年來反向操作流程也很風行，例如，先決定市場可以接受的價格，再設計和控制成本。另外，如同第二章揭示連結破碎，策略聯盟等合作策略也是重要趨勢，它能提高競爭優勢包括

縮短研發時間及行銷效率，例如，HP與MATSUSHITA合作發展HP FAX-3000，前者擅場DESKJET印表機，後者則是掌控了傳眞市場，兩者合作快速掌握了市場占有率。其他還包括委外策略，例如，SARA LEE和TOMMY HILFIGER委外製造服飾配件；可口可樂委外裝瓶配銷，委外策略可以降低投資和經營風險，不過，它取決於緊密的合作協調和聯繫。

事實上，價值創新過程衍生的許多資訊，對於後續選擇和宣告策略極具參考性，特別是可以評價市場反應的試銷策略。一般而言，試銷方法很多包括傳統試銷、模擬試銷和掃描器試銷。傳統試銷是將產品推向市場，通常會選擇特定場域進行，因此抽樣扮演重要角色，由於試銷成本高昂，通常代表即將導入市場。不過，它很容易受到對手干擾。近年來模擬試銷也很風行，例如在交通顚峰時段進行路訪，或是透過名冊篩選個別揭露廣告訊息，然後在現實生活或實驗情境下提供消費機會，隨後調查其反應和重覆購買意願。模擬試銷具有許多優點，包括成本低、回應快、排除潛在風險。相較於模擬試銷，掃描器試銷更接近眞實市場，並且成本更低於傳統試銷，例如，IR-BEHAVIORSCAN有線電視模組可以追蹤消費行爲，透過廣告操弄揭露給特定碎片市場。無論

如何，沒有任何試銷抽樣和場域是完美無缺，目標只是提高與碎片市場的契合程度。試銷期程也會影響試銷結果，延長期程通常可以提高預測水準；如果期程超過四個月，準確率可以達到四成；超過一年甚至接近百分百。一般而言，試銷期程至少十個月，不過很少超過一年。外部影響力也會影響試銷結果，例如，對手操弄或改變行銷活動藉此扭曲試銷結果，因此，隨時檢視試銷環境是否異常也很重要。試銷完成之後，導入市場需要完整的宣告策略，推出時點和空間範圍非常重要，意即是全面市場或特定區域推出。有限範圍通常利於策略調整，效果如同試銷。不過，它也同時提供了對手思考和反應時間。

總的來說，滿足碎片需求的價值創新是破碎導向的必然策略，碎片拉動（fragment pull）是核心思維，其他路徑包括技術推播（technology push）、技術平台（technology platform）、流程密集（process-intensive）、客製利基（customized niche）、蠶食鯨吞（cannibalization）。技術推播強調創新技術優先然後滿足市場，意即創新技術是流程的關鍵，例如，HP創新噴墨技術取代傳統點陣技術，最後成功推出雷射印表機。技術平台聚焦於透過既有平台技術延伸至其他價值，汽車和家電產業經常採用。流程密集強調建

構最佳的生產流程，食品飲料和半導體產業適用。客製利基強調滿足特定的價值需求，結構化和客製化是流程重點，例如，滿足大型航空公司客製化客機需求，包括客機設計和生產流程。蠶食鯨吞強調提供既定市場更好的滿足，事實上，這項策略存在潛在的抗拒，原因包括疑慮既有產品可能受到侵襲，陷入攻擊對手或蠶食自己的兩難。無論如何，多變的價值需求隨時可能威脅既定市場和技術發展，如果錯失或放棄自己為自己創造敵人的蠶食策略，市場可能徹底翻盤，例如，大英百科誤判市場，忽略早已掌握的數位技術，錯失採取蠶食策略，結果導致微軟數位百科異軍突起，大英百科最終慘遭市場挫敗。事實上，蠶食策略對於維持優勢和達成績效與成長非常重要。無論如何，基於自身觀點定義價值、市場和技術，經常是創新過程的重要困境。最後，價值創新的最大敵人永遠是時間，沒有充足的時間來思考和反思是價值創新的最大困境。

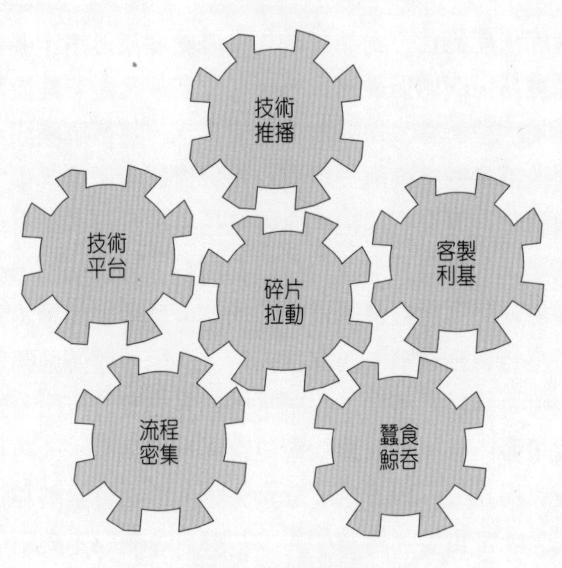

圖 5.2　擬真流程

5.3
幻覺的操弄

儘管價值創新非常重要，不過，品牌宣告具有重要的催化效果。幾個世紀以來，品牌被塑造成是一種區辨的方

法，歐洲工匠將品牌突顯成爲一種象徵，保護創作並且宣告對立於劣品，例如，早期藝術家在作品上簽名。然而，現代市場品牌泛濫，導致負面效應愈來愈大，隨著市場過多的負荷，選擇不再帶來自由，反而成爲一種耗弱。現代市場充斥著品牌相仿、混淆（brand confusion）和零差異化，選擇變得毫無意義！惡性共生讓相仿成爲沉溺。儘管如此，混戰和混淆爲後現代品牌提供機會，肆無忌憚和徹底顚覆的訴求，或能突出品牌噪音重圍，直指碎片核心，即便訴求可能毫無品味深度，不過，新的宣告能爲舊的產品類型，賦予新的詮釋。甚至成爲新的產品類型領先者，亦即，一旦建立了支配地位，其他品牌就難以撼動。另外，品牌一致性不等於單調乏味，因爲，意義的宣告不等於意義的詮釋。易言之，後現代品牌必須不斷地尋找鴻溝和擴大與競爭者的差異，讓自己成爲獨一無二的類型，即便是宣告心碎或訴求傷悲，例如，波士頓紅襪隊年復一年地將失敗心碎，轉化爲獨一無二的品牌。總的來說，後現代產品未必只是聚焦於既有類型，而是應該努力創造一個全新類型，儘管價値並未實質創新，但卻重新賦予新的定義。質言之，後現代品牌拒絕教條和菁英，品牌詮釋由碎片取代企業，易言之，品牌不只被看見更要被感覺。最後，後現代品牌關鍵在於信任，它取決於諾言和體

驗之間的落差，一旦諾言未被兌現，品牌幻覺就會自動破滅。

質言之，品牌宣告包括個別品牌或品牌組合，它取決於品牌分析和品牌識別兩項策略。品牌分析利於改善或剔除產品，例如，APPLE電腦剔除NEWTON手寫辨識機，即便投入五億美元研發，市場售價一千美元，不過，市場反應太貴、辨識能力太差、加上兩年內狂賣一百萬台的競爭產品PALM PILOT出現。品牌分析包括績效衡量追蹤、產品生命週期和品牌權益等。首先，績效衡量追蹤旨在掌握是否契合預期水準，衡量項目包括財務和非財務，例如，UA航空電腦模擬系統評估經營績效、預測市場需求和競爭策略戰術，最後提出包括擴張、縮減或終止航線等解決方案，其他包括重新配置航線座位、推出差別票價和優勢哩程等。其次，產品生命週期利於識別產品不同階段變化，藉此發現市場機會、威脅和變化。一般而言，產品生命週期受到技術創新、市場偏好、競爭變化等因素影響。不過，不同產品類型的生命週期不同，例如，服飾大約一季，客機可達數年之久。無論如何，隨著產品生命週期變化調整品牌策略非常重要，特別是面對產品生命週期的典範移轉（paradigm shift），如同數位科技取代傳統軟片與網路取代傳眞。總體而言，導入

期強調知名度建立；成長期強調形象提升；成熟期強調改變宣告策略吸引不同碎片；衰退期強調重新修正產品。另外，成長期移向成熟期的宣告策略，通常較其他階段的移轉更難識別。最後，品牌權益如同品牌資產負債表，亦即品牌可以是資產也可以是負債。衡量品牌權益的方法很多，包括動量會計（momentum accounting）類似於傳統折舊曲線，強調監測不同生命週期的品牌價值變化；品牌資產評價（brand asset valuator, BAV）則是基於品牌強度（關聯性和差異性）和品牌深度（重視性和貼近性），前者代表未來價值是認知和聯想，後者代表過去績效是品質和忠誠。不過，品牌權益是否納入資產負債表，始終受到重視和討論；品牌健康報告除了聚焦於品牌價值也包括長期變化，包括衡量品牌最強特質能否滿足市場欲求？品牌的相關性和一致性？品牌是否具備長期承諾和適當宣告？綜合言之，無論何種品牌分析方法，評價蠶食策略的排擠效應非常重要，例如，零可樂可能排擠傳統可樂市場，威脅既有營收；英航GO！服務，不僅不敵EASYJET和RYAN其他航空公司類似服務，反而排擠了本身收入。總的來說，儘管蠶食策略可能產生威脅，不過，它也經常創造正面的績效價值，例如，Intel持續推出新款處理器領先市場。

至於品牌識別，品牌如同人格，識別可以強化認同並讓人產生連結，流行音樂就是最佳典範，例如，披頭四早期留長髮的叛逆外表；歌劇般的艾爾頓強；變性人形象的飽伊；頹廢超現實主義的王子，瑪丹娜對宗教和性的苦痛，饒舌音樂的幫派形象，音樂品牌識別可以自我轉型，吸引從一代到另一代的情感渴望。至於後現代的有趣案例，例如，在電視媒體中扮演醫生的演員，擬眞的醫生，會被當成眞的醫生，因此，經常會收到無數的求診信函，甚至後來也出現在廣告中推薦藥品。總的來說，正面的識別形象利於市場認知和關係建立，例如，SATURN汽車的信賴、質樸和友善形象。另外，品牌的標誌和視覺符號也具有隱喻的識別象徵，例如，NIKE球鞋的嗖嗖符號象徵「飛奔」；ENGERIZER電池卡通白兔象徵「超長壽命」；STARBUCKS咖啡的海神塞壬象徵「浪漫」。品牌的價值主張也是識別核心，它代表品牌傳遞的功能、情感或自我表達等利益。其他包括不同的產品類型和品牌運用也會影響品牌識別，例如，特殊品品牌利於建立長期忠誠和降低消費涉入。產品線品牌利於獲取成本優勢並讓其他產品線順利導入市場。知名企業品牌可以成爲特定產品類型的代名詞，例如，IBM電腦、BMW汽車、LUCENT電信、VICTORIA SECRET內衣、DETORIT

DIESEL引擎。正面的企業品牌具有形象延伸優勢，相反地，負面的企業品牌可能衝擊形象延伸，例如，PIERRE CARDIN品牌充斥各種消費品，包括時尚服飾、皮夾、甚至包括保險套和水壺。聯合品牌則是藉由聯合其他品牌提高形象和識別，例如，SEARS百貨和KENMORE家電、SONY與ERISSON手機、BENQ和SIEMENS聯合品牌。自有品牌則是通路品牌形式，例如，COSCO和WAL-MART與委外廠商合作推出自有通路品牌。相較之下，COSCO和WAL-MART可以藉此提高通路品牌忠誠，委外廠商可以減少行銷成本和快速提高銷售，不過，如果過度依賴可能承擔極大風險，例如，生產可能隨時喊停。

5.4 延伸和槓桿

優勢的品牌形象帶來正面的品牌績效，品牌績效是一項重要資產，關鍵在於滿足不同產品生命週期，以及採取正確的選擇和宣告策略。不同產品生命週期象徵不同機會和威脅，因此選擇和宣告策略也必須隨之改變，例如，英

國GRAND METROPOLITAN集團（隨後更名DIAGO集團）面對美國GREEN GLANT罐裝時蔬領導品牌的挑戰，GRAND METROPOLITAN採取策略聯盟委外製造，並且徹底轉型投入研發和行銷，重新宣告高附加價值的品牌形象，隨後該公司推出系列冷藏時蔬餐醬，成功地占有全球和美國市場。品牌績效除了考量個別產品也包括產品組合，包括新增、延伸、改善、剔除都是可行策略。新增目的在於完整產品組合、掌握規模優勢、善用既有形象、避免仰賴單一產品或類型。例如，可口可樂推出新的口味。延伸則是擴及新的產品類型，例如，VICTORIA SECRET內衣推出DREAM ANGELS香水。改善包括改變特徵、品質和風格，例如，汽車、相機、電腦和電子產品等改款策略。剔除強調解決問題產品和策略失靈，儘管適用於不同產品生命週期，但是導入期或衰退期最容易發生。不過，剔除也會影響品牌忠誠，例如，BODY SHOP採取剔除策略導致抗議和敵意，公司最後撤回剔除決定重新恢復產品。另外，品牌再生（revitalization）也是提升品牌績效的重要策略，強調賦予品牌新的用途，例如，EAGLE煉乳由最初的南瓜派用料，重新宣告成爲咖啡甜品佐料。總體而言，掌握品牌績效的優勢和劣勢同等重要，例如，九〇年代，大英百科

誤判情勢拒與微軟合作，二年不到，微軟ENCARTA數位百科風行全球，隨後即使大英百科積極重啓合作，但是微軟表示大英品牌形象負面，合作必須支付高額的權利金。其他還包括體認全球市場破碎、激烈競爭和充斥各種風險和危機，例如，印度的可樂領導品牌是THUMS UP，而不是可口可樂；GILLET刮鬍刀誤判低價拋棄式市場遭致挫敗；PERRIER礦泉水因爲苯污染重挫品牌形象，有趣的是，同一時間TYLENOL因爲氰化物事件迅速下架產品，啓動效率配銷和促銷快速提升品牌形象，TYLENOL相對於PERRIER將危機化作助力。

品牌績效若是一項重要資產，發揮品牌槓桿成爲重要策略，包括擴張產品組合、品牌延伸、聯合品牌和品牌授權等。擴張產品組合是將核心品牌用在相關產品，宣告新的風味、款式、顏色和包裝，例如，BMW 300、500、700汽車。品牌延伸則是擴及不相關的新產品，例如，IVORY香皂延伸至洗髮精、VICTORIA SECRET內衣延伸至化妝品、FRENCH服飾延伸至太陽眼鏡、化妝品和手錶。無論如何，擴張和延伸都有可能傷害或弱化核心品牌，因此必須評估潛在負面效應。聯合品牌則是結合二項知名品牌，例如，DELTA航空和AE信用卡發行SKY MILES聯名卡，

DISNEY卡通和KELLOG麥片聯合品牌發揮預算和行銷綜效，不過，聯合的協調過程和名稱選擇都是重要挑戰。品牌授權則是用在非競爭性產品，除了創造附屬收入也同時宣傳核心品牌，例如，LAND ROVER汽車透過品牌授權進入服飾、手錶、兒童越野摺疊車市場。品牌授權同樣可能產生負面形象，例如，PIERRE CARDIN品牌充斥各種消費產品，包括時尚服飾、保險套甚至低價水壺。無論如何，品牌槓桿策略必須經常評估，避免造成核心品牌的稀釋或傷害。例如，VIRGIN集團大幅擴張品牌於各種產品類型，包括音樂、手機、食品和飲料、金融服務、甚至是建構於破敗老舊英國鐵路系統上的VIRGIN TRAINS鐵路服務，上述槓桿策略逐步侵蝕了VIRGIN品牌形象。

無論如何，不論是個別品牌或品牌組合，品牌管理都應採取系統而非獨立策略思考，目標包括提升品牌組合識別，降低與競爭品牌混淆，建立明確與獨立形象，上述策略必須考慮組合資源配置和交互影響。例如，九〇年代，BENZ推出A-BABY小車，媒體報導A-BABY麋鹿測試（Elk Test）未過，儘管BENZ隨即宣布輪胎更新，不過，三個月內仍有三千件訂單取消，最後公司決定撤出市場，後續SMART車款也因此延遲上市。易言之，品牌組合強調由特定品牌主

導，其他品牌支援。不過，應該納入多少品牌？是否納入新的品牌？不同品牌的價值差異？新的品牌能否提高附加價值？既有品牌是否新的品牌取代？例如，LEVI'S是美國男性牛仔褲領導品牌，2002年，LEVI'S在美國超級盃推出FLYWEIGHT廣告聚焦於西裔市場，隨後又推出DOCKERS卡其便服系列，目前該公司仍然擁有美國市場領導地位。

最後，儘管全球化風行但是全球品牌可能發生在地認同障礙，因此，管理全球、區域與在地品牌組合非常重要，例如，雀巢採取四階品牌群集，包括十個全球企業品牌，例如，雀巢和CARNATION。四十餘項全球策略品牌，由策略事業單位主導，例如，KIT-KAT和COFFEE-MATE；一百餘項區域策略品牌，由策略事業單位和區域部門共同管理，例如，STOUFFERS和CONTADINA；七千餘項在地品牌，由在地分公司負責，例如，TEXICANA和ROCKY。另外，近年來網路品牌風行但也爭議不斷，網路品牌價值究竟只及網路或能擴及總體品牌權益。一般而言，網路品牌投資的經費更高，但是潛藏的交易風險導致信任降低，其他影響因素還包括，網路界面是否友善、專屬和即時？是否傳遞正面價值和體驗？是否效率地整合各種溝通方案？是否提高忠誠和市場關係？總的來說，全球化映射出在地化和網路化，從後現

代品牌出發，全球化並非對立於在地化，或說，全球化就是在地化，全球品牌可以是一種跨文化表達，以絕對在地化風格爲基礎，利用全球化觸角、網路和知識，透過最在地化的傳遞與在地產生共鳴。

5.5 結論

價值創新可以來自內部研發或外部併購，流程包括概念篩選、評價、事業分析，概念測試可以將概念化爲原型，試銷可以貼近了解市場反應，包括傳統、模擬和掃描機試銷等，最後，透過商品化完成市場導入目的。總的來說，破碎導向提供價值創新重要準則，技術和流程扮演重要角色，可行策略包括碎片拉動、技術推播、技術平台、流程密集、客製利基、蠶食鯨吞等。另外，品牌對於價值創新具有催化作用，後現代品牌象徵信任和承諾，品牌宣告包括個別品牌和品牌組合，品牌組合管理應該基於系統而非獨立評價，特別是蠶食鯨吞效應，例如，是否發展新的產品取代既有產品？是否改善既有品牌又如何改善？是否剔除品牌組合又如何剔

除？改善或修正如何重新宣告？質言之，品牌是價值創新的重要策略，它取決於品牌分析和品牌策略，前者經常透過品牌權益加以衡量，包括品牌忠誠、關聯、認知和品質。後者品牌槓桿扮演重要角色，包括擴張品牌、延伸品牌、品牌聯合和品牌授權。總的來說，安全感提供一種錯誤的幸福感，也是逃避現實的另一種方式。每個IBM都會有一個DELL，每個微軟將會有個蘋果，每個可口可樂都會有一個紅牛，每個雀巢會有個星巴克。面對後現代這個比眞實更眞的擬眞世界，如果後現代行銷不能擁抱這擬眞的想像，不能操弄這想像的幻覺，屆時眞實既定的市場也將被一併翻盤。

延伸閱讀

1. Almar Latour , "Disconnected," *The Wall Street Journal*, June 5, 2001, A1, A8. "Vision, Meet Reality," *The Economist*, September 4, 2004, 63-65.
2. Bocock, Robert, *Consumption*, (London: Routledge, 1993).
3. Business Week, *Marketing Power Plays: How the Wolrd's Most Ingenious Marketers Reach the Top of Their Game*, (McGraw-Hill, 2006).
4. C. Merle Crawford and C. Anthony Di Benedetto, *New Products Management*, 7th ed. (Burr Ridge, IL: Irwin/McGraw-Hill, 2003), Chapter 4.
5. C.K. Prahalad and M.S. Krishnan, *The New Age of Innovation: Driving Cocreated Value Through Global Networks*, (McGraw-Hill, 2008).
6. Christopher Palmeri and Nanette Byrnes, "Is Japanese Style Taking Over the

World ?" *BusinessWeek*, July 26, 2004, 96-98.

7. "Death of the Brand Manager," *The Economist*, April 9, 1994, 67-68.
8. D. R. John, B. Loken, and C. Joiner, "The Negative Impact of Extensions: Can Flagship Products Be Diluted?" *Journal of Marketing* 62, January 1998, 19-32.
9. Dana James, "Rejuvenating Mature Brands Can Be a Stimulating Exercise," *Marketing News*, August 16, 1999, 16-17.
10. Daniel Lyons, "Bright Ideas," *Forbes*, October 14, 2002, 154-158.
11. Darrell Rigby and Chris Zook, "Open-Market Innovation," *Harvard Business Review*, October 2002, 80-89.
12. David A. Aaker, *Building Strong Brands* (New York: The Free Press, 1996), 26-35.
13. David A. Aaker, *Building Strong Brands* (New York: The Free Press, 1996), 26-35.
14. David Hesmondhalgh, *The Cultural Industries*, (SAGE Publications Ltd, 2002).
15. David W. Cravens, Gerald E. Hills, and Robert B. Woodruff, *Marketing Management* (Homewood IL: Richard D. Irwin, 1987), 375.
16. David Woodruff, "A-Class Damage Control at Daimler-Benz," *BusinessWeek*, November 24, 1997, 62. Rufus Olins and Matthew Lynn, "A-Class Disaster," *Sunday Times*, November 16, 1997, 54.
17. David, Cravens, Piercy, *Strategic Marketing*, 8e, (McGraw-Hill, 2006).
18. Dennis McCallum, *The Death of Truth: What's Wrong With Multiculturalism, the Rejection of Reason and the New Postmodern Diversity*, (Bethany House,

1996).

19.Don E. Schultz, "Getting to the Heart of the Brand," *Marketing Management*, September/October 2000, 8-9.

20.Elliot Spagat, "A Web Gadget Fizzles Despite a Salesman's Dazzle," *The Wall Street Journal*, June 27, 2001, B1, B4.

21.Eric M. Olsen, Orville C. Walker Jr., and Robert W. Ruekert, "Organizing for Effective New-Product Development: The Moderating Role of Product Innovativeness," *Journal of Marketing*, January 1995, 48-62.

22.Francis J. Kelly, III, and Barry Silverstein, *The Breakaway Brand: How Great Brands Stand Out*, (McGraw-Hill, 2005).

23.Gary L. Lillien, Phillip Kotler, and Sridhar Moorthy, *Marketing Models* (Upper Saddle River, NJ: Prentice Hall, 1992).

24.Gary S. Lynn, Joseph G. Morone, and Albert S. Paulson, "Marketing and Discontinuous Innovation: The Probe and Learn Process," *California Management Review*, Spring 1996, 8-37.

25."Getting Hot Ideas from Customers," *Fortune*, May 18, 1992, 86-87.

26.Glem L. Urbm and Eric von Hippel, "Lead User Analyses for the Development of New Industrial Products," *Management Science*, May 1988, 569-582.

27.Hartley, R.F., *Management Mistakes and Successes*, 7e, (John Wiley & Sons, 2003).

28.James Heckman, "Don't Let the Fat Lady Sing: Smart Strategies Revive Dead Brands," *Marketing News*, January 4, 1999, 1.

29.Jay Greene, John Carey, Michael Arndt, and Otis Port, "Reinventing

Corporate R&D," *BusinessWeek*, September 22, 2003, 72-73.

30.Jay Greene, John Carey, Michale Arndt, and Otis Port, "Reinventing Corporate R&D," *BusinessWeek*, September 22, 2003, 72-73.

31.Kevin Lane Keller, "The Brand Report Card," *Harvard Business Review*, January/February 2000, 147-157.

32.Kevin Lane Keller, *Strategic Brand Management*, 2nd ed. Upper Saddle River: N.J. Pearson Education, Inc., 2003, 509-517.

33.L. Downes and C. Mui, *Unleashing the Killer App: Digital Strategies for Market Dominance* (Boston, MA: Harvard Business School Press, 1998).

34.Lawrence Ingrassia, "By Improving Scratch Paper, 3M Gets New-Product Winner," *The Wall Street Journal*, March 31, 1983, 27.

35.Lawrence Ingrassia, "Face-Off: A Recovering Gillette Hopes for Vindication in a High-Tech Razor," *The Wall Street Journal*, September 29, 1989, A1, A4.

36.Leonard Berry, "Services Marketing Is Different", *Business*, May-June 1980, 24-30.

37.Marc Gobé, *Brandjam: Humanizing Brands through Emotional Design*, (St Martins Pr, 2006).

38.Mike Featherstone, *Consumer Culture and Postmodernism*, 2e, (SAGE Publications Ltd, 2005).

39.Millman, Debbie, and Heller, Steven, *How to Think Like a Great Graphic Designer*, (St Martins Pr, 2007).

40.Noel Capon and James M. Hulbert, *Marketing Management in the 21st Century*, Upper Saddle River, NJ: Prentice-Hall, 2001.

41.Norhiko Shirouzu, "P&G's Joy Makes an Unlikely Splash in Japan," *The*

Wall Street Journal, December 19, 1997, B1 and B8.

42.Pierre Berthon, James M. Hulbert, and Leyland F. Pitt, *Brands, Brand Managers, and the Management of Brands: Where to Next?* Boston, MA: Marketing Science Institute, Report No. 97-122, 1997.

43.Rajesh K. Chandy and Gerald J. Tellis, "Organizing for Radical Product Innovation," Innovation, *MSI Report No. 98-102*, (Cambridge, MA: Marketing Science Institute, 1998).

44.Richard Appignanesi and Chris Garratt, *Introducing Postmodernism*, 3e, (Naxos Audiobooks, 2005).

45.Richard Walters, "Never Forget to Nurture the Next Big Idea," *Financial Times*, May 15, 2001, 21.

46.Robert Cooper and Robert S. Kaplan, "Measure Costs Right: Make the Right Decisions," *Haravrd Business Review*, September-October 1998, 96-103.

47.Robert Cooper, "Benchmarking new-product Performance: Results of the Best Practices Study," *European Management Journal*, February 1998, 1-7, "Producer Power," *The Economist*, March 4, 1995, 70; Kuczmarski et al. "The Breakthrough Mindset."

48.Robert J. Barbera, *The Cost of Capitalism: Understanding Market Mayhem and Stabilizing Our Economic Future*, (McGraw-Hill, 2009).

49.Stefan Thomke and Eirc von Hipple, "Customers as Innovators," *Harvard Business Review*, April 2002, 74-81.

50.Storey, John,. *Cultural Consumption and Everyday Life*, (London: Arnold, 1999).

51.Thomas D. Kuczmarski, Erica B. Seamon, Kathryn W. Spilotro, and Zachary T.

Johnston, “The Breakthrough Mindset.” *Marketing Management,* March/April 2003, 38-43.

52.Vogel, *Entertainment Industry Economics: A guide for financial analysis,* 6e, (Cambridge University Press, 2007).

53.William R. Dillon, Thomas J. Madden, and Neil H. Firte, *Marketing Research in a Marketing Envionment*, 3rd ed. (Burr Ridge, IL: Richard D. Irwin Inc., 1994).

54.Yumiko Ono, “Victoria’s Secret to Launch Makeup with Sexy Names,” *The Wall Street Journal*, September 14, 1998, B8.

55.Zygmunt Bauman, *Work, Consumerism and the New Poor*, (McGraw-Hill, 2005).

第六章
解構建構

回應後現代市場的選擇和宣告，除了擬眞幻覺的產品之外，還包括價格、廣告和促銷等組合。質言之，面對後現代破碎市場，如何在分裂的文本進行整合的溝通，權衡分裂和整合及效益和成本非常重要。特別是後現代時空壓縮，多元媒體變遷，碎片渴望參與、投入和體驗，如何影響上述宣告組合。本章將探討後現代行銷的價格策略，以及後現代廣告、網路和促銷策略，最後思辯後現代的正常和異常。

6.1
極小化剩餘

面對後現代破碎市場，完全差別價格是一種可行策略，亦即根據市場破碎需求差別訂價，需求高者訂價高，需求低者訂價低，每個消費個體都是獨一無二，專屬的使用經驗是價格基礎，亦即，後現代價格可以接近現代市場消費者剩餘極小化的理想。事實上，相對於上述後現代破碎和專屬的價

格認知，現代行銷經常採取的成本導向價格策略，由於可能低估或扭曲智慧財產，亦即基於智慧財產的研發時間和精力，而非基於市場認知的最終價値。因此，某種程度而言，需求導向比成本導向更適於後現代價格策略。無論如何，面對後－現代市場許多重要趨勢發展，包括管制撤除、消費提升、全球競爭、成長衰退等，價格策略的重要性明顯提升。易言之，價格不只是影響財務績效也包括品牌價値，特別是當市場面對難以評估的複雜產品，價格經常成爲衡量品質的重要訊號。例如，WEST-SOUTH低價航空掀起市場削價競爭，競爭者最初只是消極回應，然而，隨著WEST-SOUTH市場占有率快速成長，競爭者最後很難再以降價策略逆轉市場。無論如何，價格策略受到許多因素的影響，包括法律規定、網路科技和策略運用等，最後一項因素，例如，應用超額產能或採取短期紅海策略。儘管如此，最後的市場反應才是策略關鍵，例如，BERKSHIRE HATHAWAY推出微型飛機分時服務，基於多數高階執行長偏好搭乘專機，但是專機的採購成本高昂，分時服務可以滿足上述碎片需求。不過，市場經常出現錯誤的價格認知，例如，工業照明設備採購經常基於燈泡壽命和成本。然而，PHILIPS發現燈泡的採購總成本不只如此，其他還包括有毒物質的處理，反而需要投

入更高的成本，這是一項被忽略的處置成本，PHILIPS於是推出高價環保燈泡ALTO，聚焦訴求財務人員（強調最低成本）和行銷部門（強調環保形象），結果市場占有率大幅提高。

價格角色有時積極，有時卻又相對消極。價格策略取決於選擇和宣告策略，選擇策略包括產品組合、外部連結和環境因素等。產品組合方面，單一產品價格策略相對簡單，不過，價格策略經常基於產品組合而非單一產品。外部連結方面，包括通路類型、結構、密度、需求和動機，例如，提高利潤吸引通路合作；密集性比選擇性或獨家性通路更需要價格競爭力；多元通路價格經常存在兩難困境，例如，低價的網路通路與高價的實體通路產生衝突？環境因素方面，包括市場環境、競爭威脅、策略變化等，例如，環境改變如何重新宣告產品組合價格？如何配合產品生命週期調整價格？選擇策略改變是否連帶修正價格策略？是否掌握競爭環境和行動？如何回應競爭威脅？漲價、降價或不變？何時調整？另外，價格也是非常重要的宣告策略，包括作爲市場訊號、競爭工具、及與其他宣告組合互補。市場訊號方面，價格是與市場溝通最快的途徑，提供明顯識別和比較基礎，利於宣告品牌形象。競爭工具方面，價格除了能快速回應競爭，還能

產生優勢形象，例如，折扣店（off-price retailer）以低價策略宣告形象。與其他宣告組合互補方面，包括吸引通路合作、提高形象、促銷、影響其他宣告策略及競爭者。然而，不同目標經常產生衝突，例如，低價提高占有率對立於高價提高獲利率。因此，INTEL爲了搶攻同樣威脅PENTIUM系列的低價晶片市場，公司採取PENTIUM系列不降價策略，亦即依據PENTIUM開發低階CIRRUS晶片，降低額外設計成本並滿足低價晶片市場。

總的來說，價格取決於下列因素，包括需求、成本、競爭、法律和道德，詳如圖6.1。需求受到市場價格敏感度的影響，意指價格變化導致銷售變化的程度，長期而言，價格敏感度並非常數並且難以評估。非價格因素同樣扮演重要角色，包括品質、獨特、效益和方便，獨特價值可以反映較高價格，例如，獨特使用情境或需求，前者如浪漫的氛圍；後者如專業的設備，其他還包括健康導向（止痛藥）；複雜導向（精密設備）；形象導向（重要場合或重要客戶）。質言之，如果純粹以成本爲基礎，價格策略可能導致市場認知落差，亦即，不同使用情境會有不同價值滿足。因此，必須考量不同碎片的價格敏感度和非價格因素是否差異？儘管如此，成本仍是價格策略的重要參考，包括達到規模經濟的最

低成本，以及掌握和比較競爭者成本，雖然競爭者資訊不易取得，不過，可以透過相關情勢資訊加以分析，包括工資率和原料成本。至於競爭者分析也很重要，包括主要競爭者、相對價格競爭力及反應，例如，當年美國光纖網路受到預期需求成長影響，加上市場進入障礙極低，競爭者爭相投入結果造成超額供給，導致網路股價大幅下跌。儘管競爭者價格預測非常困難，賽局理論可以提供有效路徑。例如，英國政府以七倍高於預期價格的340億美元拍賣3G權利金就是最佳典範。最後，法律和道德經常影響價格策略，例如，SHERMAN法案嚴禁水平通路勾結；ROBINSON-PATMAN法案嚴禁違法差別取價，包括最初以高價誤導市場，隨後逐步調降至正常的欺騙訂價。不同於法律，道德議題則是非常主觀並且難以判斷，例如，提高處方藥價格衍生的道德問題，藥廠表示基於龐大研發費用。不過相關證據顯示，藥商經常投入不必要的龐大行銷費用，以及藥品價格漲幅經常高於通貨膨脹率。綜合言之，需求和成本的落差愈大，價格空間愈大；競爭愈激烈，價格空間愈小；市場愈新興，價格空間愈大。

價格作為重要的宣告策略，角色可以是積極、消極和中性，代表價格在宣告組合中被強調的程度。中性代表與

競爭者接近，目的在於排除以價格作爲競爭策略的重要性。至於積極和消極角色，高價積極（high-active）強調以高價訴求優質形象，當品質不易評估時，價格成爲價值宣告的重要訊號。高價可以象徵品質、形象和信任，高價也較不受到競爭報復，特別是當品牌具有差異性，例如，高檔法國紅酒。高價消極（high-passive）強調儘管高價可以提高獲利，但也必須同時承擔市場可能過小和抗拒的風險，例如，VIRGIN豪華太空之旅。低價積極（low-active）強調以低價滿足市場需求，適於具有成本優勢和市場地位者，例如，WAL-MART百貨和WEST-SOUTH航空。低價消極（low-passive）強調不特別宣告低價形象，避免被誤解爲品質低劣，如果實質上比競爭者更具成本優勢，強調可以宣告其他價值優勢，例如，中國山寨手機。無論如何，相對於其他宣告組合，價格的彈性和積極更能回應不確定的後現代市場。儘管如此，後現代行銷的價格策略仍然應該基於政策而非戰術，並且應該隨時檢視相關議題，包括價格政策是否違法？是否依照不同產品生命週期和產品組合訂價？價格基礎是基於市場占有率、利潤、現金流量？是否考量仿冒品等效應？

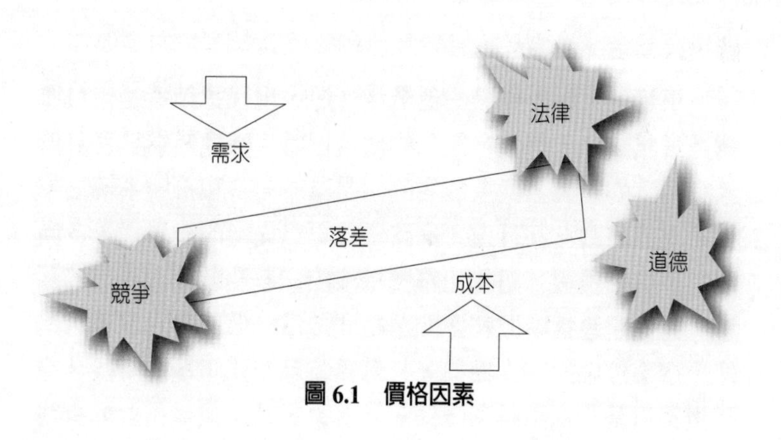

圖 6.1　價格因素

6.2 分裂是整合

後現代市場徹底改變所有行銷策略，這是由一個碎片掌握的逆選擇世代，TIVO電視節目錄放系統能過濾惱人的電視廣告，擋信系統能過濾垃圾電子郵件，拒絕來電名單能阻擋電話行銷，報紙印刷被視爲是過時的老梗，直接郵件尚未拆封就被直接當成垃圾掩埋。後現代的媒體飽和，導致自我不在任何地方，同時也無所不在。自我一直都在展示中，同

時作爲後現代擬眞的符指。

事實上，面對媒體的泛濫和外爆，現代行銷透過資料庫彌補資訊缺口，將衆多無名的消費個體，轉換成爲具有身份且有名字的符碼，衆多無名的個體置於語言和符號系統之中重新編碼分割。甚且進入網路科技更爲先進的後現代，多向度的解構和重組，語言和符號指涉的意義和社會徹底破碎瓦解，其他還包括時間和空間，時間成爲一個狹隘的定義，指涉一個事件中的一個面向，一個獨特且無法重覆的時段，空間也不再是一種距離和障礙。易言之，時空成爲相對於觀察者的參考框架，後現代行銷透過追蹤消費個體的時空軌跡，傳遞超越客製化和差異化的產品和廣告訊息。細而言之，後現代的時空是壓縮和破碎，後現代的時空已經成爲一個模糊的概念，什麼是親密和遙遠？現代線性時間已漸被網絡、過程或瞬間等其他相對情境所取代，空間不再是全球化的障礙，近乎同步傳播和立即回饋不再只是想像，而是一種常態的期望，亦即，光速成爲最終的唯一限制，後現代的人際網絡距離，會收縮而以光速運行，網絡的立即時間對抗了日常的鐘錶時間。

無論如何，後現代宣告了時空壓縮的時代，破碎化和客製化的挑戰，直指一對一行銷的必然。易言之，過去仰賴

單一概念的傳統現代行銷手法，後現代必須更聚焦於破碎的個人化情感，去碰觸，去擴展，去豐富破碎個體體驗。質言之，破碎化和客製化與擴增的產品組合及口味完全無關，它更強調遵循模糊的消費個體資訊，滿懷希望的解構和重組流程，包括超越客製化的擬眞符號，意指將所有的可能性放在一起，讓破碎個體自行混合詮釋。總的來說，後現代揭示將破碎個體的體驗擺在中心，強調分裂的文本整合的溝通，所有的文本都是溝通的媒介，文本沒有明確揭示的過程，破碎個體不在權威之下學習，不必設法找出文本的用意，反而提升到權威的地位，居於文本之上。相較之下，儘管現代行銷也揭示了溝通的整合，並且宣告匯集廣告、公關、事件和網路於一體。然而，不同的溝通存在不同的目標、效應、以及時間落差，甚且整合的訊息乏味，整合的成本高過效益，宣告整合卻也達到反整合的高潮。

以現代行銷廣告爲例，創造出太多聽來興奮，但卻無法兌現的承諾。如果廣告是一種承諾和體驗，品牌多受信任，端視它的諾言和體驗的差距，當諾言未被兌現，品牌約定立即破滅。另外，現代行銷經常透過不相關的部門進行品牌訴求，結果導致訊息扭曲、乏味和脫勾，折損了廣告最初挑起的欲望和承諾。除此之外，隨著快速變遷的多元媒體組

合，傳統無線廣播電視不再是唯一路徑，相對於透過終端位址掌控破碎個體，並能據此設計廣告訊息的窄播（narrowcasting）有線電視，可能成爲更重要的廣告媒體，其他包括網站、電子郵件、搜尋引擎、線上廣告等，更能適時適地向正確的對象傳達正確的訊息。因此，後現代廣告需要無比的想像力，透過多元媒體交叉延伸接觸破碎個體，例如，UNILEVER濃縮洗潔劑在紐約重要交通地段，置放一輛覆蓋衣服的巴士，當人們發現這輛巴士，可以藉由手機或上網參加瘋狂購物金競賽，它比傳統現代廣告效應更高，亦即，後現代廣告是不斷充滿新發現的冒險體驗。質言之，現代的大衆媒體早已分化，後現代的大衆就是媒體強調直面破碎個體，儘管現代廣告仍有效率，只是可信度逐漸受到懷疑。無論如何，面對動態的後現代市場，單一主張的廣告，早與眞實的破碎市場脫節。事實上，後現代破碎個體正朝向各種方向分裂，例如，在IPOD上看電視，在電視遊樂器上看電影，在網路上聽廣播。總的來說，後現代廣告必須適應後現代新的媒體，後現代廣告要能打破衆聲喧嘩，貼近連結碎片並且交付宣告主權。

另外，相對於現代廣告面對可以被立即控制的時空，廣告主可以爲想像的產品和服務提供脈絡。相反地，後現

代廣告面對超越「由身體定位自我，透過認知知覺立即組織環境訊息，並且找到與外界的相對位置」的超時空，透過後現代時空壓縮的媒體運作，後現代廣告得以效率化及超越客製化的擬眞，顚覆時空的框限直接瞄準破碎個體。細而言之，後現代的廣告邏輯是，時空壓縮的媒體效率不必依賴於事前規劃的及時大眾傳播，網路和多元媒體近用使得擬眞符號得以持續循環運作，相較於現代類比廣告需要瓦解傳送的線性流動，其結果是整體頻寬不是分配到節目，就是分配到廣告。相反地，後現代廣告透過網路和多元媒體運用，廣告主能將廣告插入內容的即時流動，亦即，空間多工（spatial multiplexing）只需要將極小頻寬分配給廣告。另外，現代廣告缺乏美學風格的民主化，廣告主只肯定自己了解什麼對他人最好，卻不管他人相信什麼；現代廣告也敗在難以動搖、拆解和轉化，或許在意義的詮釋上可能交會，但是卻難以在誤解的基礎上進行改造。相較之下，後現代廣告沒有特定的風格美學，它只反映人們尋覓的各種體驗，面對擬眞符號操弄，後現代廣告透過拼貼（pastiche）和戲仿（parody）策略，前者從相對於原創的關係中抽離，原創迷失於符號的持續嬉戲，後者透過複製引起思考質疑，美麗的女模挑逗的語言：「如同時間，我不等人」（like time, I

wait pour non home）就是典型的後現代廣告。質言之，後現代廣告的獨特之處可能不再是模仿，不再是複製，甚至也不是戲仿，它已經是以眞實符號取代眞實本身，亦即，後現代廣告的符號擬眞、時空壓縮和再現、休閒和工作時間混合，持久性的自我已被集錦式的認同，包括碎片、隨機欲望、意外和短暫所取代。儘管如此，後現代充斥著不連續和浮動性，後現代廣告仍然需要核心價值，它不會隨著時間更迭而顯得陳腐，例如，「鑽石恆久遠！」「萬事皆可達，唯有情無價！」爲擬眞取代眞實尋求一條出路。總體而言，現代廣告的末日已被宣告，人們早已被訓練能挑出任何垃圾郵件，超荷的傳統現代媒體廣告，已被人們的下意識給直接刪除。後現代應該留心的是行銷和娛樂之間的界限，或說後現代行銷就是一種娛樂，一種正確形塑品牌的娛樂，而非疲勞轟炸的宣揚。後現代廣告如何透過追蹤碎片的時空軌跡，突顯出工作和娛樂休閒的去差異化。質言之，娛樂休閒時間就是後現代行銷控管的延伸。無論如何，隨著後現代時空壓縮和廣告朝向多元媒體形式變遷，後現代廣告爲了增加擬眞的價值，必須不斷地提供破碎個體搜尋超越客製化的符號意義，面對這樣內爆的後現代符號意義，同前說明，後現代廣告只需要提供一種，當下不會，未來也不會，揭示任何明確

答案的體驗。總的來說，後現代廣告策略是種藝術而非科學，創新流程是關鍵並且面臨許多挑戰，包括快速的價值變遷，多元的溝通媒介、高度的市場破碎，特別是電腦、網路、寬頻等先進科技經常不連續地顚覆廣告表現。

最後，網路是後現代行銷代名詞，從休閒娛樂角度，後現代閱聽者觀賞電視的時間減少六成，但是上網時間卻成長六倍。相較於傳統現代行銷，後現代產品再也無法躲在昂貴廣告背後欺瞞市場。易言之，後現代行銷以邀請取代干擾，網路行銷就是關係和信任，網路搜尋引擎不會過濾資訊來源，它只在乎內容的相關性。後現代行銷只要適切地擬定內容，在資訊無限選擇的網路空間，讓人們輕易地略過毫不相關的資訊，駐足於眞正符合其需要的資訊面前。質言之，後現代網路的彈性界限成爲眞實世界的漫遊，透過時空追蹤破碎個體行動並且空間化，例如，微軟的智慧型配對軟體，可以結合鄰近資料和破碎個體檔案，寄發客製化資訊到個人行動裝置。易言之，網路使用者可以透過立即的超越客製化系統，開啓獨特的生活風格、欲求和認同。面對後現代媒體匯流，後現代行銷得以在破碎個體最有可能購買、出價或使用的任何時空進行接觸，亦即，一種無所不在直指核心的一對一。後現代匯流科技也徹底地改變了媒體娛樂經驗，當內容

提供者持續發展行動裝置近用音樂、部落格、電子郵件和下載平台，網路搜尋引擎已經蛻變成爲娛樂系統。同樣地，媒體匯流科技也讓後現代廣告得以在媒體飽和的符號經濟中充份運作。

儘管網路效應遍及所有產業，不過，後現代網路創新策略仍在摸索。質言之，網路之於組織，可以成爲獨立事業、通路、溝通媒介。網路的虛實合一（bricks & clicks）優勢也徹底改變許多行銷流程，例如，網路廣告全球曝光利於品牌宣傳；網路傳播極具成本效益並能達到一對一接觸；網路提供滿足售後服務的重要管道。然而，網路創新也經常誤判市場和規劃失誤，包括誰是目標？提供何種價值差異？如何與市場溝通？效率化和個人化程度？誰是潛在合作夥伴？彼此能力是否互補？提供何種股東價值？網路績效如何衡量？質言之，儘管網路創新提供後現代行銷許多機會，不過，悲觀者認爲當競逐發展網路成爲常態，如同其他灰海市場一樣，慘敗收場似乎無可避免。同樣地，樂觀者認爲如同多數新技術發展初期一樣，潛藏風險本來就是必然。

6.3 無深度魅惑

後現代促銷並非只是提供折價、折扣和贈品，短期折價可能貶損品牌，關鍵在於是否貼近破碎個體的品牌認知，有效過濾和採取契合的促銷元素。易言之，後現代促銷揭示一個全新定義，長期品牌形象更勝於短期折價擴張，意即突出的促銷或能吸引市場，但它只是暫時性影響，未必能夠揭示和保證長期突出的形象。另外，後現代促銷也要納入許多非傳統戰術，例如，置入電視電影娛樂中的僞裝廣告、表面隨機卻又精心算計的口碑和事件。總的來說，後現代促銷強調以人爲中心的體驗，它必須能契合核心宣告和品牌承諾，儘管後現代的促銷戰術多元不確定，但需精確地直逼破碎個體提供詮釋空間。以口碑爲例，後現代市場愈來愈猜疑現代廣告的華而不實，口碑成了強力的後現代行銷工具，意即推薦始終來自於好朋友，而非特定的營利團體。品牌在口碑裡像是蒙上一層面紗，在半遮半掩的曖昧中，吸引破碎個體一探究竟，自願負起主動傳播的任務，總的來說，口碑突顯了極高的體驗和戲劇，如果體驗是一種極致的促銷，它可以透過特殊方式連結認知情感，突顯實際行爲的隱喻意向，利用情

感互動來連結破碎個體，提高市場銷量和品牌忠誠。

同前說明，後現代行銷體認破碎個體想望參與、投入和被娛樂，因此，可以採取突破現代廣告和促銷心防的策略，亦即鑲嵌和滲透更多的娛樂進入媒體，包括電視、運動、網路和電玩，並以令人陶醉、移情、耽溺、中魔的姿態吸引破碎個體。儘管如此，後現代行銷仍需體認過猶不及的挑戰，意即促銷刺激容易讓人無意識上癮，然而優惠策略如同雙面刃，如何讓人無意識上癮又對品牌核心清醒理性，這是後現代促銷的操弄核心。實質上，近年來促銷支出成長快過於廣告支出，例如，美國的促銷支出是廣告支出的二倍，包括折價券、競賽、樣品和折扣等。儘管上述促銷方法和效應顯著成長，不過，促銷確切的範圍難以確定，負責部門分散並且預算分配相對不均，促銷回應和績效衡量也不容易，例如，追蹤折價券贖回或折扣情形。折價券和誘因是否遭到濫用？通路是否透過囤貨獲取折扣？總的來說，有效的廣告可以重覆使用，但是促銷卻無法如此。特別是，後現代促銷更強調顛覆、創新和非傳統。

除了促銷策略之外，後現代擬真的消費世界，包括購物區、百貨、主題公園都是魅惑消費的重要場域。後現代超眞實揭示，城市不過是大量繁衍的幻景（phantasmagoria），

幻景是自然，它會不斷變遷並喚起記憶和聯想，它滿足漫遊者的好奇，讓人脫離既有情境連結神祕。質言之，後現代擬眞的消費場域都是幻景，後現代擬眞如同非生物性的性慾魅惑，透過購物區或百貨空間的再安置和濃縮，取代外在世界並與其分離，構成後現代揭示的超空間（hyper-space）再現，或是去眞實的空間。美國迪士尼就是後現代超空間典型，它不曾對擬眞的眞實提出質疑，而是讓人採取投入眞實遊戲的態度，表現出無深度的感動和渴望奇觀意象的體驗，重點是不讓人懷念眞實。無深度是後現代特質，後現代習以事物最純粹的一面觀察，因此後現化排斥深度。易言之，當事物逐一被拆解，已經無法再談深度，它只追求表面刺激，深度意義已經消失。後現代消費就是極致的無深度文化，包括媒體無深度、符號無深度、流行無深度的超眞實。易言之，一旦深度抹除，也就同時將歷史和經驗平面化，人們於是迷失在後現代當下，眞實和想像之間的區隔被消除，形成一種毫無深度的眞實幻覺。

細而言之，如果傳統現代界限取決於眞實和非眞實、內在和外在；相較之下，後現代超眞實空間劇烈地挑動現代界限。同前說明，後現代透過戲仿複製眞實並引起懷疑，透過拼貼隨意掠奪並與過去任意時空鑲嵌，讓人偶然連結自由

流動的符號，不只納入奇想也收編懷舊想像。總的來說，後現代認爲購物不只是一種追求效益極大化的理性計算的經濟交易，它也是一種閒暇時光的文化和美學活動，人們置身於這些超空間的擬眞購物區，穿越那些設計用來暗示奢侈和華麗意象，匯集欲望和奇想而令人出神的地方，偶爾配合讓人迷醉的神聖的儀式，讓人產生解離（dissociation）、無心（disintention）、以及混沌（chaoes）。後現代行銷將儀式結合成爲一種創新體驗，即便是宗教神學和道德倫理也會順理成章。例如，宗教可以消散轉化爲許多類宗教或非宗教符號，例如，神聖、生死和性慾，宗教於是被後現代市場與相關符號體系所取代。

另外，儀典和市集也是重要的後現代行銷媒介，狂歡儀典是對於現代文化象徵性的顚覆和踰越，它可以帶來情緒解放，帶來直接和通俗化的愉悅奇想，後現代揭示狂歡儀典如同臨界空間（luminal space），日常生活被完全顚覆和放逐，荒誕幻想得以實現。易言之，後現代擬眞可以將所有無法實現的奇想都以符號表現，上述臨界空間於是徹底反轉了眞實結構，例如，嘉年華如同對於奇想形象的慶賀，以及對於正統權威的徹底翻轉，奇想形象指涉低等、混雜、不對稱和立即。正統權威象徵美麗和遠距欣賞，奇想形象和嘉年

華再現他者性（otherness），排除了中產階級的身份認同和文化建構。中產階級伴隨著文明化的過程擴張，必須更加地控制情緒和身體，結果導致規範和行爲舉止轉變，提高人們對於情緒和身體直接表達的厭惡感。事實上，被排除於中產階級認同建構之外的事物，卻成爲中產階級渴望的對象。因此，嘉年華狂歡化傳統元素，爲媒介意象、設計、廣告、搖滾和電影帶來替代和轉化。同樣地，市集也提供類似的意象觀賞，奇想並置，疆界模糊。相較於現代中產階級對於身體和情緒的嚴格控管，後現代解放了上述控制，讓人迷戀於這些文化和美學失序的場域，其他包括海邊度假勝地和各種行銷體驗場域。總的來說，後現代揭示這是一種「受控制地解除情緒控制」（controlled de-control of the emotions），意象可能召喚愉悅、刺激、狂歡和失序，但是意象的體驗是透過自我控制完成。無論如何，後現代行銷深知儀典與其說是一種救贖，不如說，它更像是一種週期性的躁鬱復發，只能間歇不能治癒。

最後，無論是廣告或相關擬眞的魅惑，任何宣告策略都需要持續的績效評價，而評價取決於正常或異常的界定。過去以來，現代理性以客觀的姿態揭示了正常，並且同步否定了異常。然而，後現代批判現代揭示的理性和正常的

客觀性，後現代質疑當肯定某項命題（thesis），對照命題（antithesis）自然在暗中得到地位。易言之，一旦宣告了正常，就必須接受異常的意義，亦即，定義了正常同時也定義了異常。然而，後現代認爲這是一種詮釋的暴力，後現代視異常是對於標準與正常及其在變化中的增殖失去信心，客觀其實是對立面的融合，面對不連續的後現代市場，採取現代消極性否定異常可能帶來嚴重的誤判。易言之，後現代拒絕全盤交付於所謂的正常證據或量化，解放最初判準並試圖重繪新的意涵可能是最佳態度，包括思辨下列議題：問題徵兆（結果）和成因（原因）是否混淆？變動是正常的連續或異常的隨機？異常經常宣告另一種全新的可能，隨機是對當下正常意義的意外顚覆，沒有意外就沒有新的可能！

6.4 結論

除了擬眞的產品，價格也是重要的宣告。價格與其他宣告組合相互影響，包括產品、廣告和促銷。相較之下，彈性的價格更能回應市場的不確定性，它經常是主動積極而非被

動消極，並且可以達成多元目標，包括提高市場占有、達成財務績效、宣告品牌形象、刺激市場需求、影響競爭情勢。儘管如此，價格策略必須考量需求、成本、競爭、法律和道德，特別是宣告性、能見性、以及相對競爭性。至於其他宣告策略如廣告、網路和促銷等組合也是重點，他們利於與碎片在分裂的文本進行整合的溝通。然而，由於不同的溝通存在不同的目標、效應、以及時間落差，因此，權衡分裂之於整合，效益之於成本非常重要。細而言之，隨著後現代時空壓縮和多元媒體變遷，後現代廣告逐漸朝向其他媒體形式遷徙，在外爆的媒體中提供超越客製化的內爆意義，廣告表現也深受多元媒體科技不連續地衝擊。無論如何，如果廣告是一種承諾，後現代廣告需要提供一種，當下不會，未來也不會，揭示任何明確答案的承諾，一種沒有答案的等待，一種非約定的約定，如同經常衝突的雙方，仍然依據潛規則進行。另外，網路是後現代行銷代名詞也是重要的策略創新，儘管後現代網路創新仍在摸索，並且經常發生誤判和草率等挫敗，然而，網路界線如同可滲透的薄膜，無所不在的互動性，讓離線和上線愈趨模糊，突顯出後現代的精神分裂，直面分裂可能是最眞誠的生存態度。最後，後現代行銷體認人們想望參與、投入和被娛樂，如何鑲嵌和滲透更多娛樂進入

媒體，並以令人耽溺和中魔的姿態吸引也很重要。不過，如何讓人無意識上癮又對品牌核心清醒理性，這是後現代促銷的操弄核心。最後，無論任何宣告策略都需要持續的績效評價，只是後現代批判現代揭示的正常的客觀性，後現代認爲異常是對於正常增殖的失去信心，客觀應該是一種對立面的融合，倘若積極性否定異常可能帶來嚴重誤判。無論如何，過度拘泥於正常和例行，容易忽略了異常和意外。沒有意外的發生，就沒有新的可能。

延伸閱讀

1. "A Nasty Surprise from HP," *BusinessWeek*, September 1, 2003, 80; Gary McWilliams and Pui-Wing Tam, "Dell Price Cuts Put a Squeeze on Rival H-P," *The Wall Street Journal*, August 21, 2003, B1 and B7.
2. Bernard Jaworski and Katherine Jocz, "Rediscovering the Customer," *Marketing Management*, September/October 2002, 24.
3. Bocock, Robert, *Consumption*, (London: Routledge, 1993).
4. Business Week, *Marketing Power Plays: How the Wolrd's Most Ingenious Marketers Reach the Top of Their Game*, (McGraw-Hill, 2006).
5. C.K. Prahalad and M.S. Krishnan, *The New Age of Innovation: Driving Cocreated Value Through Global Networks*, (McGraw-Hill, 2008).
6. "CAPITAL: How Technology Tailors Price Tags," *The Wall Street Journal*, June 21, 2001, A1; Bill Saporito, "Why the Price Wars Never End," *Fortune,*

March 23, 1992, 68-71, 74, 78.

7. Charles: H. Noble and Michael P. Mokwa, "Implementing Marketing Strategies Developing and Testing a Managerial Theory," *Journal of Marketing*, October 1999, 57-73.
8. Christine Galea, "The 2004 Compensation Survey," *Sales & Marketing Management*, 2004, 29-30.
9. Dana James, "Don't Forget Staff in Marketing Plan," *Marketing News*, March 13, 2000, 10-11.
10. David Hesmondhalgh, *The Cultural Industries*, (SAGE Publications Ltd, 2002).
11. David W. Cravens, "Implementation Strategies in the Market-Driven Strategy Era," *Journal of the Academy of Marketing Science*, Summer 1998, 237-238.
12. David W. Cravens, Greg W. Marshall, Felicia G. Lassk, and George S. Low, "The Control Factor," *Marketing Management* 13, no. 1, January-February 2004, 39-44.
13. David W. Cravens, Thomas M. Ingram Raymond W. LaForge, and Clifford E. Young, "Behavior-Based and Outcome-Based Sales Force Control Systems," *Journal of Marketing*, October, 1993, 47-59.
14. David W. Cravens, Thomas M. Ingram, Raymond W. LaForge, and Clifford E. Young, "Hallmarks of Effective Sales Organizations," *Marketing Management*, Winter 1992, 56-67.
15. David, Cravens, Piercy, *Strategic Marketing*, 8e, (McGraw-Hill, 2006).
16. Dennis McCallum, *The Death of Truth: What's Wrong With Multiculturalism, the Rejection of Reason and the New Postmodern Diversity*, (Bethany House,

1996).

17.Donald R. Lehmann and Russell S. Winer, *Analysis for Marketing Planning*. 4th. ed. (Homewood, IL: Richard D. Irwin Inc., 1997), 10-13.

18.Dr. John Loden, *Megabrands* (Homewood, IL: Business One Irwin, 1992), 188-190.

19.Erik Ahlberg, "Newell Rubbermaid Rebirth Is a Work in Progress," *The Wall Street Journal*, November 27, 2002, B3A.

20.Francis J. Kelly, III, and Barry Silverstein, *The Breakaway Brand: How Great Brands Stand Out*, (McGraw-Hill, 2005).

21.Frederick E. Webster, "The Future Role of Marketing in the Organization," in Donald R. Lehmann and Katherine E. Jocz (eds), *Reflections on the Futures of Marketing* (Cambridge, MA: Marketing Science Institute, 1997), 39-66.

22.George E. Belch and Michael A. Belch, *Advertising and Promotion*. 6th ed. (Burr Ridge, IL: McGraw-Hill/Irwin, 2004), 695.

23.George E. Belch and Michael A. Belch, *Advertising and Promotion*. 6th ed. (New York: McGraw-Hill Irwin, 2004), 486.

24.George S. Low and Jakki J. Mohr, "Advertising vs. Sales Promotion: A Brand Management Perspective," *Journal of Product & Brand Management* 9, no. 6 (2000), 389-414; Andrew J. Parsons, Focus and Squeeze: Consumer Marketing in the '90s," *Marketing Management*, Winter 1992, 51-55.

25.Gregory A. Patterson, "Mervyn's Efforts to Revamp Result in Disappointment," *The Wall Street Journal*, March 29, 1994, B4.

26.Hartley, R.F., *Management Mistakes and Successes*, 7e, (John Wiley & Sons, 2003).

27.James Mac Hulbert, Noel Capon, and Nigel F. Piercy, *Total Integrated Marketing: Breaking the Bounds of the Function* (New York: The Free Press, 2003).

28.Jerome A. Colletti and Gary S. Tubridy, "Effective Major Account Management," *Journal of Personal Selling and Sales Management*, August 1987, 1-10.

29.Kerry Capell and Gerry Khermouch, "Hip H&M," *BusinessWeek*, November 11, 2002, 39-42.

30.Laura Bird, "P&G's New Analgesic Promises Pain for Over-the-Counter Rivals," *The Wall Street Journal*, June 16, 1994, B9.

31.Lawrence A. Crosby and Sheree L. Johnson, "High Performance Marketing in the CRM Era," *Marketing Management*, September/October 2001, 10-11.

32.Marc Gobé, *Brandjam: Humanizing Brands through Emotional Design*, (St Martins Pr, 2006).

33.Mark W. Johnson and Greg W. Marshall, *Sales Force Management* 7th ed. (Burr Ridge, IL: McGraw-Hill/Irwin, 2003), 48.

34."Marketers Still Lost in the Metrics," *Marketing*, August 10, 2000, 15-17.

35.Mike Featherstone, *Consumer Culture and Postmodernism*, 2e, (SAGE Publications Ltd, 2005).

36.Millman, Debbie, and Heller, Steven, *How to Think Like a Great Graphic Designer*, (St Martins Pr, 2007).

37.Nelson D. Schwartz, "Inside the Head of BP," *Fortune*, July 26, 2004, 56-61.

38.Nigel F. Piercy and Neil A. Morgan, "Internal Marketing: The Missing Half of the Marketing Programme," *Long Range Planning* 24, no. 2, 1991, 82-93.

39.Nigel F. Piercy and Neil A. Morgan, "The Marketing Planning Process: Behavioral Problems Compared to Analytical Techniques in Explaining Planning Credibility," *Journal of Business Research* 29, 1994, 167-178.

40.Nigel F. Piercy, "Marketing Implementation: The Implications of Marketing Paradigm Weakness for the Strategy Execution Process," *Journal of the Academy of Marketing Science* 26, no. 3, 1998, 222-236. Nigel F. Piercy and Frank V. Cespedes, "Implementing Marketing Strategy," *Journal of Marketing Management* 12, 1996, 135-160.

41.Orville C. Walker, Harper W. Boyd, John Mullins, and Jean-Claude Larréché, *Marketing Strategy: A Decision-Focused Approach*. 4th ed. (Burr Ridge, IL: McGraw-Hill/Irwin, 2003), 32.

42.Orville C. Walker, Harper W. Boyd, John Mullins, and Jean-Claude Larréché, *Marketing Strategy: A Decision-Focused Approach.* 4th ed. (Burr Ridge IL: McGraw-Hill/Irwin, 2003), 319

43.Rebecca Blumenstein, "Overbuilt Web," *The Wall Street Journal,* June 16, 2001, A1 and A8; Deborah Solomon, "Global Crossing Finds That the Race Has Just Begun," *The Wall Street Journal*, June 22, 2001, B4.

44.Reed K. Holden and Thomas T. Nagle, "Kamikaze Pricing," *Marketing Management*, Summer 1998, 31-39.

45.Richard Appignanesi and Chris Garratt, *Introducing Postmodernism*, 3e, (Naxos Audiobooks, 2005).

46.Rick Brooks, "FedEx Fiscal Fourth-Quarter Profit Rose by 11%, Surpassing Expectations," *The Wall Street Journal,* June 29, 2000, B2.

47.Robert J. Barbera, *The Cost of Capitalism: Understanding Market Mayhem*

and Stabilizing Our Economic Future, (McGraw-Hill, 2009).

48. Robert J. Dolad, "How Do You Know When the Price Is Right," *Harvard Business Review*, September-October 1995, 174-183.
49. Shailagh Murry and Lucette Lagnado, "Drug Companies Face Assault on Prices," *The Wall Street Journal*, May 11, 2000, B1 and B4.
50. "SIA Presses for Higher Yields with New Aircraft, IFE Systems," *Aviation Week & Space Technology*, June 4, 2001, 69-70.
51. Storey, John, *Cultural Consumption and Everyday Life*, (London: Arnold, 1999).
52. Suzanne Vranica, "Schick Challenges Gillette with $120 Million Campaign," *The Wall Street Journal*, April 17, 2003, A18.
53. Tara Parker-Pope, "Europeans' Environmental Concerns Don't Make It to the Shopping Basket," *The Wall Street Journal*, August 18, 1995, B3A.
54. Thomas Nagle, "Make Pricing a Key Driver of Your Marketing Strategy," *Marketing News*, November 9, 1998, 4.
55. Vadim Liberman, "The Green Conundrum," *Across the Board*, May/June 2001, 17-18.
56. Vogel, *Entertainment Industry Economics: A guide for financial analysis*, 6e, (Cambridge University Press, 2007).
57. W. Chan Kim and Renee Mauborgne, "Creating New Market Space," *Harvard Business Review*, January-February, 1999, 83-93.
58. W. Chan Kim and Renee Mauborgne, "Now Name a Price That's Hard to Refuse," *Financial Times*, January 24, 2001.
59. Wendy Bounds and Deborah Ball, "Italy Knits Support for Fashion Industry,"

The Wall Street Journal, December 15, 1997, B8.

60."What a Sales Call Costs," *Sales & Marketing Management*, September 2000, 79-81.

61."Who Says CEOs Can't Find Inner Peace?" *BusinessWeek*, September 1, 2003, 77-78.

62.Zygmunt Bauman, *Work, Consumerism and the New Poor*, (McGraw-Hill, 2005).

索引

財經新視界 021

後現代哄騙

作　　者　陳智凱
發 行 人　楊榮川
總 編 輯　龐君豪
主　　編　張毓芬
責任編輯　侯家嵐
文字編輯　余欣怡
封面設計　盧盈良
出 版 者　博雅書屋有限公司
地　　址　106台北市大安區和平東路二段339號4樓
電　　話　(02)2705-5066
傳　　真　(02)2706-6100
劃撥帳號　01068953
戶　　名　五南圖書出版股份有限公司
網　　址　http://www.wunan.com.tw
電子郵件　wunan@wunan.com.tw
法律顧問　元貞聯合法律事務所　張澤平律師
出版日期　2011年10月初版一刷

定　　價　新臺幣250元

國家圖書館出版品預行編目資料

後現代哄騙/ 陳智凱著.　— 初版.　— 臺北市：博雅書屋, 2011.10
面；　公分
ISBN 978-986-6098-26-0（平裝）
1.銷售 2.消費心理學
496.5　　100017140